やさしくわかる!

文系のための
東大の先生が教える
発達障害

監修
佐々木 司
東京大学大学院教授

はじめに

この10年余りで「発達障害」という言葉を，学校や職場はもちろん，ニュースやテレビ番組でも耳にすることが多くなりました。さらに発達障害についてのさまざまな本も出版され，ある程度の知識は得やすくなったように思います。

一方で発達障害の分類・症状から原因・対処まで，また科学的知見から実践対応にいたるまで詳しく包括的に，かつ予備知識がなくても理解できるようわかりやすく解説した本は，あまりなかったかもしれません。

本書では，発達障害の基本を構成する自閉スペクトラム症（ASD），注意欠如多動症（ADHD），学習障害（LD）の３つについて，その分類と相互の合併から，それぞれの脳科学的背景，遺伝と環境の関わり，認知と行動の特徴，二次障害，実際の社会生活での困難とそれを改善する手立てにいたるまで，多くの研究成果を踏まえながら，わかりやすく解説しました。

発達障害をかかえる人たちと学校や職場で接する方，支援や教育に関わる人から，発達障害について知りたいと思いながら医学的知識，理科系的知識になじみがなく本格的な知識にまで手を伸ばせなかった方まで，興味をもって読んでいただけるのではと思います。

もちろん当事者の皆さんやそのご家族，まわりの方々にも，何らかの形でお役に立つ本を目指しました。本書ができるだけ多くの方の，発達障害に関する知識と正しい理解を深める一助となることを願っています。

監修
東京大学大学院教育学研究科教授
佐々木 司

目次

1 時間目 発達障害の基本

STEP 1

発達障害って何?

2 時間目 発達障害の三つのタイプ

STEP 1

“空気を読む”のが苦手 自閉スペクトラム症(ASD)

STEP 2

不注意や落ち着きのなさが特徴 注意欠如多動症(ADHD)

STEP 3

学習に困難が生じる学習障害(LD)

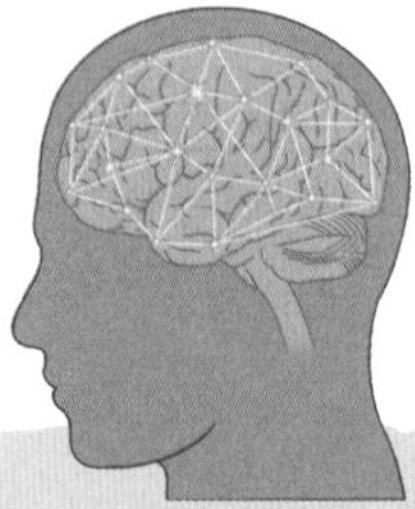

3時間目 発達障害と心の病

STEP 1

発達障害の人が抱えやすい合併症

STEP 2

発達障害の人が陥りやすい依存症

4時間目 発達障害との上手な付き合い方

STEP 1
まずは自分の特性を把握しよう

STEP 2

生きづらさを減らす，さまざまな工夫

とうじょうじんぶつ

佐々木 司 先生

東京大学で精神神経科学の
研究をしている先生

理系アレルギーの
文系サラリーマン（27歳）

1 時間目

発達障害の基本

STEP 1

発達障害って何？

広く認知されつつある「発達障害」。仕事や人間関係がうまくいかず，「もしかして私も発達障害かも」と悩む人も多いようです。発達障害とは，いったいどういうものでしょうか。

発達障害は，生まれ持った個人の特性

先生！　会社の同僚が，友人から**発達障害**であることを告白されたらしいです。
最近，発達障害という言葉を耳にする機会が増えたと感じるんですが……。

たしかに，本やテレビなどでも取り上げられることが多くなりましたね。

よく聞くようになった割には，発達障害とはどういうものなのか，全然よくわかりません。
いったい発達障害って何なんですか？

簡単にいえば，**発達障害とは，生まれつき脳の発達が通常とことなるために，生活の中に困難が生じる状態をいいます。**

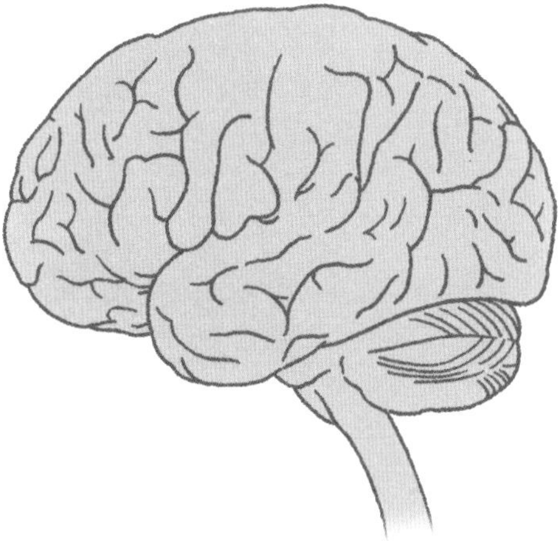

脳の発達が通常とはことなる……。
発達障害は病気ということなんでしょうか？

いえ，発達障害は病気というよりも，その人の**生まれつきの特性**であるというとらえ方が一般的です。

生まれついての特性かぁ。
同僚の友人は，仕事や人間関係がうまくいかず悩んでいるそうなんですが，具体的に発達障害は，どういう症状が出るんでしょうか？

一口に発達障害といっても，その症状は人によってさまざまです。
主な発達障害としては「自閉スペクトラム症（ASD）」「注意欠如多動症（ADHD）」「学習障害（LD）」の三つのタイプがあります。どれに該当するかによって，症状はまったくことなります。

そうなんだ……。
言葉自体は聞いたことがあるけど，それぞれどんな特性があって，どのように生活に支障をきたすのかは知らないや。
先生，**発達障害について，もっとくわしく知りたいです！**

いいでしょう。
発達障害について，科学的な知識をもとに，わかりやすく説明しましょう。

ポイント！

発達障害とは
生まれつき脳の発達が通常とことなることで，生活に支障が生じる状態。その人の生まれつきの特性であるというとらえ方が一般的。

発達障害は大きく分けて3タイプ

発達障害には個人差があり，その症状のあらわれ方はさまざまです。
先ほどふれたように，主な発達障害は大きく三つのタイプに分類されます。くわしくは2時間目にお話ししますが，ここで簡単にそれぞれのタイプについて見ていきましょう。
まず一つ目は，**自閉スペクトラム症（ASD）**です。

ASDには，どういう特徴があるんでしょうか？

ASDには大きく**二つの特徴**があります。
まず第一に対人関係やコミュニケーションが苦手なことです。たとえば，相手の言葉などに反応するものの，表情や目線などから，相手の真意を読み取れず，「空気が読めない」といわれることもあります。

空気が読めない……。
第二の特徴は？

第二の特徴は，「限定的で反復的な行動や興味」です。
外出時の目的地までの道順や物の配置場所など特定の対象へのこだわり，反復的でぎこちない動きなどの特性があります。

対人関係が苦手，こだわりが強いということがASDの特徴なんですね。

さてASDの次は，**注意欠如多動症（ADHD）**です。
これは約束や物を忘れるなどの**不注意**や，じっとしていられない，しゃべりつづけるなどの**多動**という特徴があります。一つのことに集中することが難しく，一つの作業を最後までやり遂げることが苦手です。

ASDの特徴

A. 対人コミュニケーションの障害
・視線や表情による意思疎通が苦手
・言葉の表面的な意味にとらわれやすい

B. 反復的な行動パターン
・興味と行動のかたより，こだわりがある
・聴覚や皮膚などの感覚が過敏

ADHDの特徴

A. 注意欠如

B. 多動

C. 衝動

ふむふむ，ADHDは不注意や多動が特徴，と。

三つ目は学習障害（LD）です。
知能の遅れはないものの，「読む」「書く」「計算する」などの学習が苦手な特性をもっています。

LDの特徴

A. 読字障害

B. 書字障害

C. 算数障害

ASD，ADHD，LDの三つですね。
症状はそれぞれで全然ちがうんですね。

ええ，ただしこれら三つの発達障害の特性は，複雑に重なり合って，症状が併発している場合が一般的です。

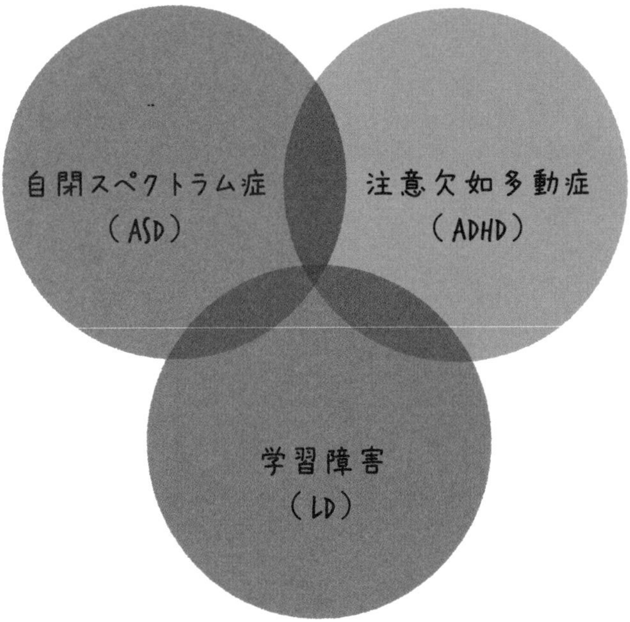

併発ですか。だいぶ複雑ですね……。

そうですね。
なお本書では「発達障害」という言葉を使っていますが，アメリカ精神医学会が制定している**DSM-5**（Diagnostic and Statistical Manual of Mental Disorders：精神疾患の診断・統計マニュアル第5版）では，新たにカテゴリーができており，発達障害は**神経発達症群**もしくは，**神経発達障害群**と表現されています。

また最近では，精神疾患の診断名に「障害」という言葉は使わず，症という言葉を使うように推奨されています。

ポイント！

発達障害の3タイプ

自閉スペクトラム症（ASD）

人とのコミュニケーションが苦手，限定的で反復的な行動や興味を示すといった特徴が見られる。

注意欠如多動症（ADHD）

不注意や多動，衝動といった特徴がみられ，一つのことに集中するのがむずかしい。

学習障害（LD）

「読む」「書く」「計算する」などの学習が苦手。

10人に1人は発達障害かもしれない

先生，発達障害ってめずらしいものなんでしょうか？
どれくらいの割合の人が発達障害を抱えているんでしょう？

アメリカ疾病予防管理センター（CDC）が2022年3月に発表したデータを紹介しましょう。
これによると，2018年時点で，アメリカ国内の8歳の子どもは**44人に1人**の割合で発達障害の一つである**自閉スペクトラム症（ASD）**の症状があらわれているそうです。
ここから**有病率**は約2.3%と計算できます。

有病率？

有病率とは，ある時点でその病気を有している人の割合です。

ふむふむ。
2.3%ってけっこう多い気がしますね。
とくに最近，発達障害ってよく聞くようになりましたけど，有病率は上がっているんでしょうか？

はい，データ上では有病率は上昇しています。
2018年ではASDの症状を示す8歳の子どもは，**44人に1人**（有病率約2.3％）でしたが，2000年には**150人に1人**（有病率約0.67％）でした。

ASDの頻度

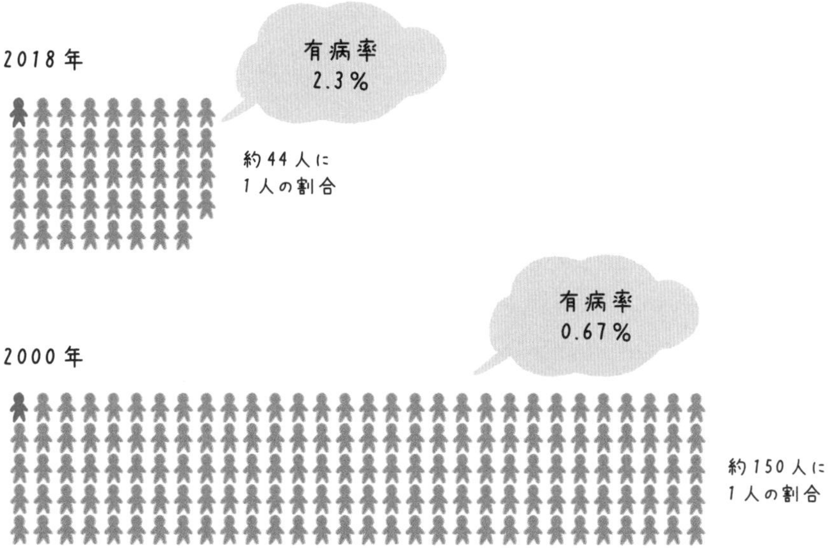

つまり，18年間で見ると，ASDの有病率はおよそ**3.5倍**にもなっているのです。

えっ！
3倍以上に!?
いったいなぜなんだろう……。
ASD以外の発達障害の有病率はどうなんでしょうか？

注意欠如多動症（ADHD）の有病率も見てみましょう。
同じくCDCの調査によれば，2016〜2019年の8歳の子どもの有病率は**6.0％**です。

一方，2003年の有病率は4.4％でした。ADHDの有病率の割合もやや増えています。

ASDほどではないけど，ADHDも増えているんですね。なぜ発達障害の人は増えているのですか？

たしかにCDCのデータを見ると，発達障害の症状を抱えている人が増えた，という印象をもつかもしれません。**しかし，国際的に発達障害の有病率がほんとうに増加しているかどうかは，まだ結論が出ていません。**

なぜですか？

最も大きな理由は，国際的かつ大規模な疫学調査が行われていないためです。
また，たとえ世界的に有病率が上がっていても，ほんとうに発達障害の症状をもつ人が増えているかどうかは，はっきりとわかりません。

ん？
有病率が上がるということは，発達障害の症状をもつ人が増えているということではないんですか？

そうともいい切れないでしょう。
発達障害の診断基準が変化したことが有病率上昇の要因になっている可能性もあるのです。

2013年に改定されたアメリカ精神医学会の診断基準である**DSM-5**では，ASDを症状の軽い状態から重い状態までを**連続（スペクトラム）**でとらえるようになりました。こうした診断基準の変化が発達障害と診断される人が増えている原因となっているのかもしれません。

なるほど。
以前は，発達障害だと診断されなかった人も診断されるようになった可能性がある，ということですね。
発達障害がほんとうに増加しているのかは，はっきりとしたことは現時点ではいえなさそうですね。

ところで，この調査結果はアメリカで行われたものですよね。日本での発達障害の有病率はどれくらいなんでしょうか？

日本では全国的な疫学調査は行われておらず，発達障害の正確な割合はわかっていません。
日本で行われた疫学調査としては，1994年に精神科医の本田秀夫博士が横浜市で行ったものが有名です。
この時の調査では，1.5歳から6歳の自閉症の粗有病率（地域で診断された人÷地域に住んでいる人）は，**0.21%**と報告されています。

0.21%なら，500人に一人くらいの割合ですね。

ええ。

一方，2020年5月に発表された，弘前市の全5歳児を対象とした弘前大学による疫学調査では，ASDの粗有病率は1.73％です。発達健診を受けていない子どもを統計的に調整した後のASD有病率は，3.22％と発表されています。

アメリカのASD有病率より高いんだ……。

たしかにそう感じるかもしれませんが，日本の方がASDが多いと断言はできません。
先のCDCのASD調査は11の州で行われ，平均すると有病率は2.3％ですが，調査地域によって有病率に差がありました。

ほう。

また調査は教育記録をもとに行われているため，教育記録へのアクセス制限が厳しいと有病者数は少なく推定されます。このため，日本の有病率のほうが高いとはいい切れないのです。

なるほど。
アメリカと日本では，差があるといえるほどの結果は得られていないんですね。
日本での発達障害の増加についてはどうでしょうか？

弘前大学では2013年から弘前市の全5歳児に対し，5歳児発達健診を実施しています。
この健診による統計調査によると，2013年から2016年までの間で，ASDの有病率に増加がないと報告されています。

そうなんだ！

しかし一方で，2021年に発表された，信州大学で行われた健康保険請求のための全国データベースを使った研究※では，2009年〜2019年にかけ，**ASD診断の頻度**が日本でも増加していることが示されています。
こちらは，時期的にもアメリカのCDCの調査結果などと一致する結果だといえるでしょう。

ASD診断の頻度が増えているのは，どういう理由が考えられるんでしょうか？

日本では2005年に発達障害者支援法が施行されたことで，医療従事者のみならず教育者，保健，福祉関係者にも発達障害の知識が広まりました。
かつては「コミュニケーションが苦手な子」などと判断されていた子どもたちが，発達障害ではないかと考えられるようになり，診断を受けるケースが増えている可能性があります。

そういう背景もあるのか。
ADHDのほうはどうなんでしょうか？

※：Sasayama D, Kuge R, Toibana Y, Honda H：Trends in Autism Spectrum Disorder Diagnoses in Japan, 2009 to 2019. JAMA Netw Open, 4：e219234, 2021

ADHDの疾病率は，CDCの調査では9.8％で，日本も同じように約1割の人に症状が出ていると考えられています。
このうちの6割から8割がそのまま発達障害の症状を抱えて大人になり，いわゆる大人の発達障害として表面化するといわれています。

ADHDに関していえば，およそ10人に1人が発達障害といえるんですね。

ええ。また，文部科学省が2012年に行った「通常の学級に在籍する発達障害の可能性のある特別な教育的支援を必要とする児童生徒に関する調査」の結果では，「学習面または行動面でいちじるしい困難を示す」とされた小・中学生の割合は6.5％とされています。

つまり30～40人学級の中で，発達障害の可能性がある生徒が2～3人程度いる，ということになりますね。

そう考えると，発達障害は決してめずらしいわけではないことがわかります。

原因は，脳の「発達のかたより」

発達障害の原因ってわかっているんですか？

なぜ発達障害の特性があらわれるのか，はっきりとはわかっていません。
しかし発達障害，特にADHDは20世紀半ばごろから**脳**との関連性が疑われていました。その後，発達障害の人の脳の解剖や脳画像の研究や脳の機能活動を画像化できる**fMRI（磁気共鳴機能画像法）**の導入により，発達障害の人の脳の状態が次第にわかってきています。

えふえむあーるあい？

体の断層画像を撮影する「MRI（核磁気共鳴画像法）」の技術を応用し，脳の活動のようすを可視化する方法のことです。

脳の活動を可視化するなんて，すごい装置ですね！

fMRIにより，以前は子どもの育て方や心の問題と考えられがちだった発達障害の原因が，脳の機能がうまくはたらいていないためということがわかってきました。

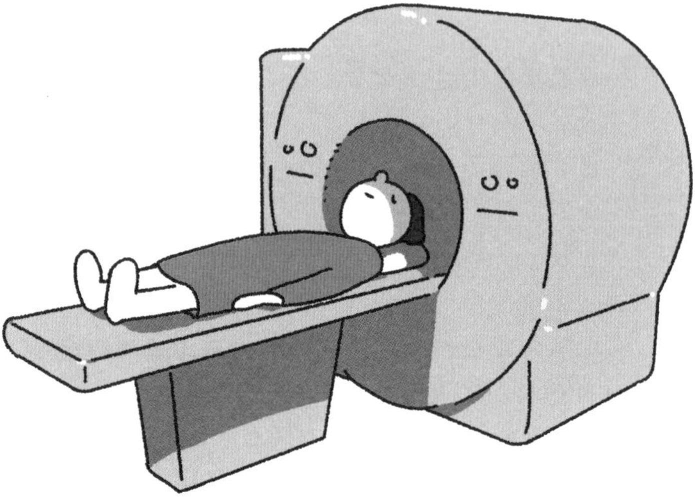

育て方や心の問題といわれたら，本人も家族も悩みますよね。
でも，そうではない，というわけですね。

そうです。
発達障害の原因は，生まれつき脳の発達の仕方が，普通の人と比較すると，少し異なっていることだと考えられます。
そのため得意なところと不得意なところが普通に発達した人と比べて，極端に出てしまうことがあるのです。

発達障害の人の方が得意なこともあるんですか？

はい。**発達障害の症状を抱えている人のなかには，見たものを一瞬で記憶するなど，普通の脳にはないすぐれた機能があらわれる場合があります。**しかしその一方，一般の社会生活を送るうえで，必要な機能が十分でない場合もあるのです。

このように，脳の発達の**かたより**が，発達障害の特性をつくっているといえます。

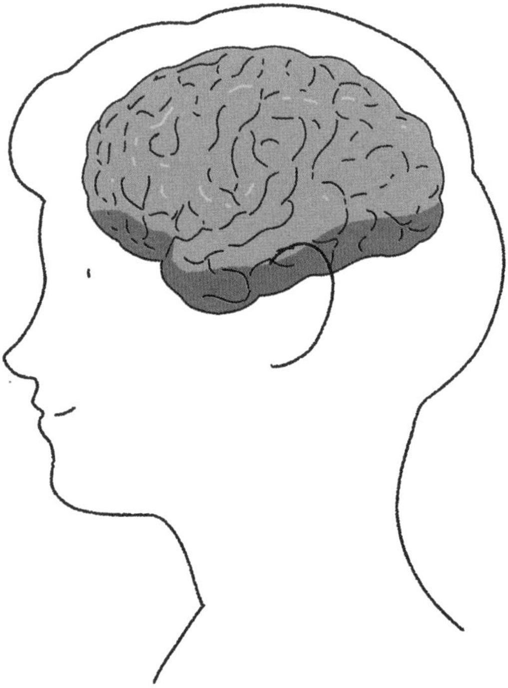

発達障害かどうか，どうやって診断されるんでしょうか？脳の発達のかたよりなんて，調べるのむずかしそう……。

通常はまず，専門の医療機関にて，本人や親への問診があります。そして，本人とのさまざまな場面での関わりを通したふるまいの観察と，いろいろな検査が行われるんです。
そして問診や観察，検査などから得られた情報をもとに，症状の組み合わせや時間経過など，さまざまな条件により診断されています。

いろんな情報から，総合的に診断されるんですね。

発達障害には「腸」が影響している!?

さて，発達障害の原因を探るため，現在さまざまな仮説が立てられ，研究が進んでいます。中でも近年，注目を集めているのが，**腸内細菌叢（腸内フローラ）**が発達障害や**精神疾患**に影響をあたえているのではないかという仮説です。

えっ!?
腸内細菌が精神疾患と関係しているんですか。

ええ。**ヒトの腸内には1000種，1000兆個の腸内細菌が生息しているといわれています。**
それらの細菌類は栄養の吸収を助けるだけでなく，ビタミンやタンパク質の合成や新たな病原菌の侵入防止，ホルモンに影響を与えるなど，体を維持するために重要な役割をになっているんです。

腸の中に１兆個も細菌がいるなんて……！

驚きですよね。
最近の研究では，腸内細菌は脳の機能にも大きな影響をあたえることがわかってきました。これを**脳腸相関**とよびます。

脳と腸の関係性が明らかになってきたことで，腸の問題が精神疾患の原因になっていることを裏づける研究が盛んになっているのです。

たとえば2016年に国立精神・神経医療研究センター神経研究所の研究グループが行った研究では，腸内細菌叢の善玉菌が少ないと，うつ病のリスクが高いことがわかっています。

善玉菌が少ないと，お腹の調子が悪くなるだけだと思っていました……。
発達障害とも関係があるんですか？

はい，そのような研究報告があります。
アリゾナ州立大学の調査によると，ASDの症状をもつ子どもの約3割から約5割が**下痢**や**便秘**といった消化器系の症状を抱えており，さらにASDの状態は，腸の状態と相関関係があるということが認められています。

ASDの状態に腸内細菌が関わっているんですか？

ええ，その可能性がありますね。
ASDの子どもの腸内細菌は，普通に発達している子どもと比べて，ビフィズス菌などの菌が少ないことがわかっています。
また，ASDの症状が重ければ重いほど，腸内細菌のバランスが崩れていることも過去の研究などからわかっています。

腸内細菌が発達障害に影響するなんて，すごく意外です。

実際に，腸内細菌を移植すると発達障害の症状が改善したという研究成果もあります。

アリゾナ州立大学のローザ・ブラウンとデー・ウック・カンらの研究チームは，腸内細菌叢移植（Fecal Microbiota Transplantation：FMT）をASDの症状をもつ子どもに行い，その結果を発表しました。

えーっ！

腸内細菌って移植できるんですか！

はい。被験者となったASDの症状をもつ18名の子どもたちに腸内洗浄を行い，健康な人の腸内細菌を投与しました。

すると投与後からASDに特有の行動症状が次第に減り，腸内環境も多様な菌が増えて下痢や便秘の問題も解決していったそうです！

ほぉ！

さらに治療2年後の追跡調査では，ASDの症状は45％減少したという報告もなされています。

45％も減ったなんて，すごい！

研究チームは今後，腸内のどの細菌が，発達障害にどのような影響をあたえるのか，そのメカニズムを明らかにしていくそうです。

日本では腸内細菌叢移植ってできるんですか？

日本ではまだ，臨床研究が開始されたばかりで，保険適用もされていません。また，診療できる施設も数施設しかない状態です。

発達障害がひきこもりの引き金に？

発達障害は，社会生活を送るうえで多くの困難をともなう場合があります。
そのため，発達障害が**ひきこもり**の原因の一つとなるのではないかと考えられています。

ひきこもりですか？

ええ。
40歳〜64歳を対象とした内閣府の2019年「生活状況に関する調査」では，ひきこもり状態にある人が全国で**61万3000人**いるとの推計結果が出ています。
2015年に15歳から39歳を対象とした調査では，**54万1000人**と推計されており，ひきこもり状態にある人は**100万人**を突破しているとも考えられています。

ひきこもり状態の人って，結構多いんですね。

ええ。このようなひきこもりの原因の一つであると考えられているのが，発達障害です。
厚生労働省の調査（2007〜2009年）によると，山梨県などの精神健康福祉センターにひきこもり相談にきた148名のうち，約35％が発達障害と診断されたそうです。
ひきこもりの人は，高い確率で発達障害の症状をもっていることがわかっています。

えっ！

なぜひきこもりの人は発達障害の人が多いんでしょうか!?

前述した内閣府の調査結果から，ひきこもりのきっかけについて見てみましょう。
40歳から64歳までを対象とした調査では，ひきこもりのきっかけ上位五つは，退職した（36.2％），人間関係がうまくいかなかった（21.3％），病気（21.3％），職場になじめなかった（19.1％），就職活動がうまくいかなかった（6.4％）などがあります。

人間関係の困難さや**職場になじめない**などの理由が目立ってますね。
これらの原因が発達障害にあるということでしょうか？

はい，その可能性があります。
たとえばASDの症状が強く出ている場合，社会的コミュニケーションがとりづらくなります。
またASDの症状とADHDの症状が重複している場合，周囲の人から奇異に見られることも多く，次第に**孤立**していく人も少なくありません。

たしかに，症状があっても見た目ではわからないから，まわりの人は違和感を抱いて距離を置いてしまうことがあるのかもしれませんね……。

また，会話がつづかない，集中力に欠ける，つねに落ち着きがないなどの症状から**怠けている**という評価を受け，仕事からはなれざるを得ない状況に遭遇することもあります。

なるほど。
誤解されて仕事をつづけられなくなり，結果的にひきこもりになってしまうというわけか。

こうした問題を緩和させるために，発達障害の特性を本人も周囲も知ることが大切なんです。
発達障害の特性を理解することについては，4時間目でくわしくお話ししましょう。

大人になってから気づく人も増えている

2022年3月に発表されたアメリカ疾病対策予防センター（CDC）のデータによると，ADHDの症状をもっている人の割合は，ASDの症状をもっている人よりも多いようです。
ADHDの症状は成人になるにつれ症状がおさまるように見えることから，かつては子どもに特有の発達障害だと考えられていた時期もありました。
しかし実際は大人も，本人や周囲の努力で症状が表面化していないだけという場合が少なくありません。

大人になったら治るわけではなく，本人たちが表面化しないようにがんばっているから気づかれにくいんですね。

ええ。
また子どもの頃に学業成績がよいと，発達障害の症状があっても見逃されることがあります。少し他人と変わったことがあっても，学生時代は見過ごされやすいのです。

たしかに，子どもの頃は「頭がよい」や「個性的」ですんだものが，社会に出ると通用しなくなる，というのはありそうですね。

発達障害の特性が表面化するのは，生活の環境や仕事で求められる役割が変わったときが多いといわれています。
たとえば新入社員のときにはあまり会話をせず，ひたすら真面目に仕事に打ち込んでいた人がいるとします。ところがキャリアアップして，求められる役割が変わると問題がおきるのです。

それまでは積極的にコミュニケーションをとる必要がない立場だったのに，管理職になると，部下や周囲とのコミュニケーション不足を指摘されることもあります。
そこで空気が読めないといった自分の特性が強く出て，はじめて発達障害であることがわかるというわけですね。

なるほど。たしかに管理職になると，部下のマネージメントが必要になりますからね。

はい。また「不注意」の特性を抱えている人の場合は，本人のサポートをしていた周囲の人が異動などの理由でいなくなってしまい，それがきっかけで特性が表面化するというケースもあります。
大人になってから発達障害に気づくきっかけはさまざまです。具体的な事例を見てみましょう。

ある人は子どもの頃，相手によって言葉を選ぶことができず，ささいなことで同級生と衝突していました。しかし得意な数学と理科を活かして大学院を修了し，大手企業に就職します。
ところが職場で上司や同僚の意図をうまくくみ取れず，関係が悪化し，孤立してしまいます。結局，産業医からすすめられて専門外来を受診し，ASDであるという診断を受けることになったのです。

学力は高くて大手に就職できたけど，やはり人間関係の問題でうまくいかなかったんですね。

ADHDの場合も，**社交性に問題がない人は孤立しませんが，スケジュールが守れず約束を破ったり，会話で一方的に話し続けたりして，周囲との関係を悪化させることもあります。**また複数の仕事を並行できずに，十分に能力を発揮できないことも少なくありません。

たしかに，毎回遅刻されたり，一方的に話しつづけられたりしたら，周りの人もいい気はしないかも……。

子どもをもってはじめて，自分が発達障害だと気づく場合もあります。
子どもに多動の傾向があり，インターネットなどで調べていくうちに，自分もADHDの症状にあてはまることに気づくケースなどです。

子どものことを調べていくうちに，自分の症状に気づくパターンですね。

ええ。**いずれにせよ，「大人の発達障害」は大人になってから発症するものではありません。**
就職や結婚，子育てなどにおいて，他人と協力しながら問題を解決する，マルチタスクで効率よく物事をこなすなど，発達障害の人が苦手なことが求められるようになって，症状が強く出てくるというわけです。

ポイント！

大人の発達障害

環境の変化などがきっかけで大人になって気づく発達障害。大人になってから発症するものではない。

発達障害の自己診断はむずかしい

発達障害かどうかを自分で判断する方法ってないんですか？　私もかなり注意力散漫だったり，友達との待ち合わせによく遅れたりするので，気になってきました。
でも，いきなり病院に行くのはちょっと……。

発達障害の自己診断はむずかしいといえます。
なぜなら，特に対人コミュニケーションにおいては**自己評価**と**客観的評価**が食いちがう可能性が高いからです。

自己評価と客観的評価が食いちがう？

たとえば，ASDの症状が特に強い場合は，自分が他の人とコミュニケーションを取れているかどうか判断することがむずかしいことがあります。
実際にはコミュニケーションがうまくいっていないのに，「自分は周囲とコミュニケーションをきちんと取れている」と考える人も少なくないからです。
このため，本人が自ら受診に訪れるというよりは，上司や同僚など周囲からのすすめによって受診することが多いようですね。

たしかに，自分のことを客観的に評価・判断するって，誰にとってもむずかしいことですもんね。
自分が他人とうまくコミュニケーションが取れているかなんて，ちょっと自信がありません。

DSM-5の診断基準における**対人コミュニケーションの障害**とは，他人と社会的な場面で**相互関係**をもつことが苦手なこと，とされています。
この「相互関係」には，「表情や視線から相手の真意を読み取ることができるかどうか」もふくまれているんです。

ふむふむ。言葉以外のことから相手の気持ちを読み取ることができるか，ということですね。

そうです。しかし，自分が**非言語情報**を正しく理解できているかどうかを判断することはむずかしいものです。こうしたことからも，発達障害の自己診断はむずかしいといえますね。
医療機関で客観的に診断してもらうことが必要です。

やはり一人で決めつけずに，医療機関に行くことが大切なんですね。

2

時間目

発達障害の
三つのタイプ

STEP 1

“空気を読む”のが苦手 自閉スペクトラム症（ASD）

自閉スペクトラム症（ASD）には相手の気持ちの理解が苦手だったり，こだわりが強かったりする症状があります。ASD について，くわしく見ていきましょう。

ASD は，対人関係がうまくできないことが特徴

ではここから，具体的に発達障害のそれぞれのタイプについて，説明していきましょう。
主な三つのタイプ，覚えていますか？

はい！　ASD，ADHD，LD ですね！

そうです。
自閉スペクトラム症＝ASD，注意欠如多動症＝ADHD，学習障害＝LD でしたね。
まず，この STEP1 では，ASD について取り上げましょう。

ASD って，たしかコミュニケーションが苦手なんでしたよね。

ええ。**ASD は，社会生活や対人関係などに困難がともなう発達障害です。**

まず，相手の考えていることを，適切に理解できないことがあります。また，自分の考えていることや感じていることを誤解なく伝えるのも苦手です。このため，**意思の疎通**がはかれず，日常活動にさまざまな問題がおきることがあります。
さらに，いろいろなことに固執したり，ある事がらが頭からはなれずに困るようなことも，しばしばみられます。

具体的に，どういう特徴がみられると，ASDと診断されるんでしょうか？

3歳ごろまでに，次の**二つの症状**がすべてあらわれるとASDと診断されます。
まず一つ目は**人とのコミュニケーションの障害**です。

対人コミュニケーション障害

対人コミュニケーションの障害は，大きく分けて二つの特性があります。第一に他人と社会的な場面でコミュニケーションをとって相互関係をもつことが苦手なことです。ここには非言語的な相互関係も含まれます。たとえば，視線や表情による意思疎通などです。第二に表面的な言語の意味にとらわれやすいなどのコミュニケーションの質的な問題を抱えることがあります。これらは発達していく過程で，特性があらわれていきます。

目線を合わせない，スーパーの中で突然大声を出して走り出す，などの症状に加え，言葉の発達に遅れがある，特定の言葉をくり返す，家に帰ってきたときに「ただいま」ではなく「おかえり」といってしまう，などの例があります。

ふぅむ。
もう一つの症状というのは？

二つ目は**活動や興味の極端なかたより，同じ行動の反復**です。

反復的・くり返しの行動パターン

独特な考え方や何度もくり返す行動パターンのことです。反復的・くり返しの行動パターンは，本人にとってとても重要です。こだわりを妨害されることでパニックになってしまったり，感情を爆発させてしまったりする人もいます。

かたくなに同じ道順を通ろうとする，時刻表やカレンダーに強く興味をもって丸暗記してしまう，などがその例です。

こだわりが強いということでしょうか？

そうですね。
反復的・くり返しの行動パターンは，本人にとってとても重要です。こだわりを妨害されることで**パニック**になってしまったり，**感情を爆発**させてしまったりする人もいます。

ふーむ。

ただし，ひとくちにASDといっても，その症状の程度や特徴は実にさまざまです。
ASDの子どもは，集団生活では周囲から浮きやすく，いじめの標的になってしまうこともあります。

ASDは治すことはできないんでしょうか？

現在のところ，根本的な治療法は確立されていません。

ポイント！

ASDの二つの症状

・人とのコミュニケーションの障害

会話の文脈に関係なく唐突な発言をしやすいため，周囲からは「空気が読めない」といわれることもある。また，相手の表情やしぐさなどの非言語的なメッセージを適切に理解することも苦手。

・活動や興味の極端なかたより，同じ行動の反復

外出時の目的地までの道順や，物の配置場所など，特定の対象へのこだわりが強かったり，手や指をバタバタするなど反復的で機械的な動きをしたりしがち。

男の子の有病率は女の子の約2倍

1時間目にも紹介しましたが，アメリカ疾病予防管理センター（CDC）が調査した2018年の推計によれば，**44人に1人（約2.3%）**の子どもがASDと診断されています。
また，2013年からおこなわれている弘前大学の調査によると，弘前市のASD粗有病率（地域で診断された人÷地域に住んでいる人）は**1.73%**でした。

ASDと診断されている子どもは1.73%……。
ということは，100人に1人か2人がASDってことになりますね。

そうですね。
ただし，男児と女児では，ASDの有病率に大きなちがいがあります。
先ほどの弘前大学の調査によると，男児の粗有病率は2.35%（1.76-2.94%），女児1.09%（0.68-1.51%）でした。

さらに，診断されていない人も含めて推定した調整有病率は，男児4.06％（3.20-4.92％），女児2.22％（1.57-2.88％）でした。
調査を行った研究チームは，ここから男女の比率を**1.83：1**と推定しています。

2013~2016年の4年間のASD有病率（％）

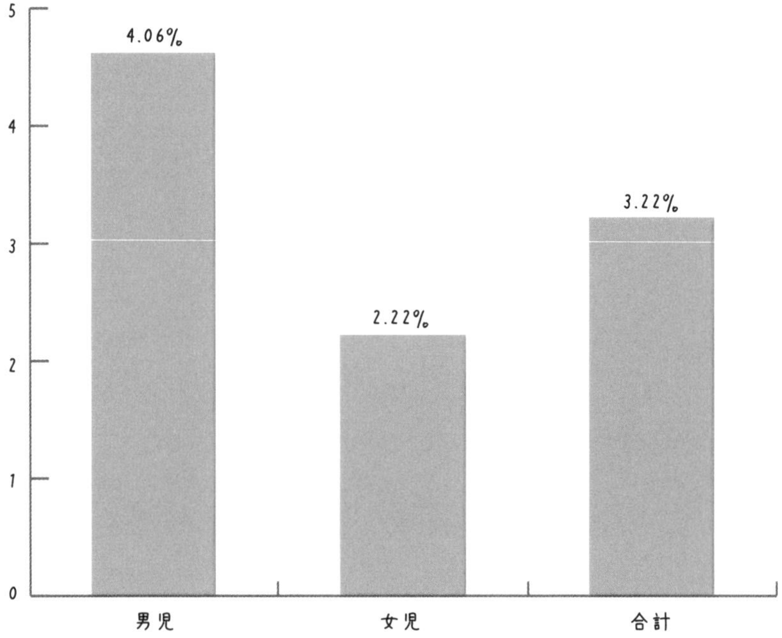

2倍近く男の子の有病率が高いんですね。

そうなんです。これは日本にかぎった話ではありません。一般に，男性と女性のASDの比率は4：1ほどだといわれています。

かなり大きな開きがあるんですね。
なぜ男女でそこまでちがうんでしょうか？

それはよくわかっていません。
そもそも，本当に男児と女児でASDの発生のしやすさに差があるのかどうか，明らかではないのです。
男女の性差が影響している可能性もありますが，単に女児のASDが多く見逃されているだけという可能性もあります。

自閉症とアスペルガー症候群がASDにまとめられた

先生，ASDって**自閉スペクトラム症**っていうんですよね？
自閉症というのは聞いたことがあるんですけど，それとは別物なんですか？

別物というわけではありませんよ。
ASDは，自閉症とアスペルガー症候群などをまとめたものなんです。
そのあたりの関係を理解してもらうために，ここでASDの歴史について，簡単に紹介しましょう。

お願いします。

自閉症という概念は1943年に生まれたといわれています。
最初に提唱したのは，児童精神科医の**レオ・カナー**（1894〜1981）です。
彼は自閉症を人との情緒的接触の乏しさや物や状況に固執するなどの症状に特徴があると定義しました。
提唱された当初は，言葉の遅れなど，**知的障害をともなった症状**だと考えられていました。

今からおよそ80年前に自閉症は報告されたんですね。

ええ。
一方，1944年には小児科医の**ハンス・アスペルガー**（1906〜1980）が，**知的障害をともなわない**自閉症のような行動特性がある**アスペルガー症候群**を論文で発表しました。

知的障害をともなう自閉症と，知的障害をともなわないアスペルガー症候群ということですね。症状としては似ているということでしょうか？

そうなんです。
そこで1981年に精神科医の**ローナ・ウィング**（1928〜2014）は，カナーの症例とアスペルガーの症例は多くの点で類似していることから，症状は**明確な境目はない**のではないかとの仮説を立て，研究論文を発表しました。
そこから，彼女は**自閉スペクトラム症**という名称を提唱しました。これが現在でも広く受け入れられています。

すぺくとらむってどういう意味なんですか？

スペクトラムには，**連続**という意味があります。

連続？

これは，虹をイメージすればわかりやすいでしょう。ある色の部分を見れば特徴がきわだっているのに，それぞれの色の間は連続していて，境界線がないということです。

自閉症の特性も虹の色のように境界線がなく連続して症状が広がっているということをあらわしています。たとえば，自閉症としての特性が強い人がいる一方で，自閉症の特性はもっているけれども，自閉症の診断基準を満たさない人もいます。このように連続性がある特性がASDの特徴なのです。

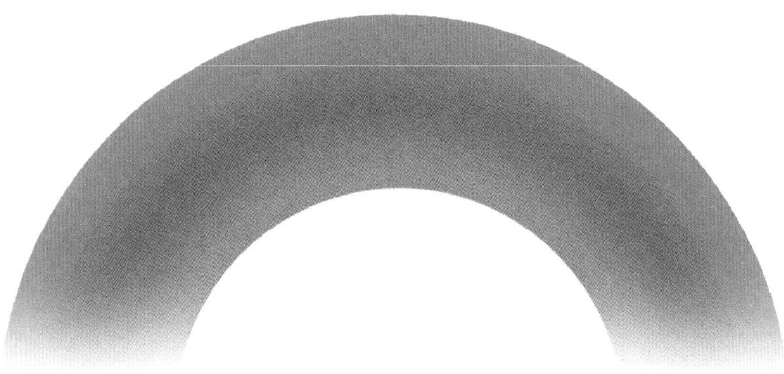

なるほど。

このような考え方から2013年に制定されたアメリカ精神医学会の精神疾患基準であるDSM-5では，自閉症とアスペルガー症候群がASD（自閉スペクトラム症）にまとめられています。

そういう経緯があったんですね。

ただし，現在でも，言葉の発達に遅れがあるなどの場合は自閉症，言葉の発達に遅れは見られないが「物をたたく行為を延々とくり返す」など反復的な行動パターンが見られるなどの場合はアスペルガー症候群と，以前の基準を踏襲して区別されることもあります。

ポイント！

自閉スペクトラム症

自閉症の特性は，症状や強度が連続的にあらわれ，明確な境界がない。そこから，自閉症やアスペルガー症候群は自閉スペクトラム症にまとめられるようになった。

ASDでは，「心の理論」がうまくはたらかない？

私たちが他人の行動を理解したり予測したりするときには，その人の心の中で何がおきているのかを推測します。このように自分や他人の行動を予測したり，説明したりする心の動きについての知識や理論のことを**心の理論**といいます。

ASDは，この心の理論の獲得に障害があるという仮説があり，この仮説に基づいた研究がなされています。

心の理論？
どういうものなんでしょうか？

心の理論は，霊長類研究学者のデビット・プレマック（1925〜2015）らの研究理論から生み出されたものです。
プレマックらは，チンパンジーなどの霊長類が，あざむき行動などでほかの仲間やほかの個体の心の状態を推測しているように行動することに注目しました。
そして，自分や他者の目的や意図，知識や信念，推測，ふり，好みなどの内容が理解できれば，その動物や人間は**心の理論**をもつと考えました。

相手が何を考えたり感じたりしているのかを推しはかる能力といえそうですね。
それがASDと関係していると……。

でも心の理論をもっているかどうかなんて，どうやって調べることができるんですか？

心の理論を確かめるための課題が考案されています。たとえば，**スマーティ課題**や**サリーとアンの課題**は，幼児期の心の理論の発達過程を調べるために用いられます（71〜73ページ）。

な，なかなかむずかしいですね。
普通の子どもはこのような課題を解けるんでしょうか？

このような課題は，3歳〜4歳の子どもの正答率は低いです。しかし4歳から7歳にかけて，正答率は上昇します。一方，ASDの子どもは，このような課題を解くのがむずかしい傾向があるといわれています。

普通の子どもが，4歳くらいから心の理論が出てくるのに対して，ASDの子どもは相手の状況に立って考えることがむずかしいんですね。

スマーティ課題

1.
中身を鉛筆に入れかえたお菓子の箱を子供に見せて，何が入っているか質問する。

2.
箱を開け，お菓子ではなく鉛筆が入っていることを子供に見せて，箱を閉じる。

3.
「箱には実際に何が入っていた?」と子供に質問する。

4.
「この箱をAさんに見せたら，Aさんは何が入っていると答える?」と子供に質問する。

スマーティ課題は，丸いチョコレートのお菓子「スマーティ」の箱を使った実験です（1～4）。鉛筆が入った箱を他人に見せたとき，その人が誤解して「中身はチョコレート」と答えることを，子どもが推測できるかを確認します。

サリーとアンの課題

1. 左の女の子はサリーで，右の女の子はアンです。

2. サリーは，ボールを「かご」の中にしまいました。アンは，そのようすを横で見ていました。

3. サリーは，部屋を出て行きました。

4. サリーがいない間に，アンは「かご」からボールを取りだして，「箱」の中にしまいました。

5. やがて，サリーが帰ってきました。サリーはボールを取りだそうとするとき，「かご」と「箱」のどちらをさがすでしょうか？

正解）「かご」。サリーはボールが「箱」の中に移されたことを知らないはずです。したがって，自分でボールを入れた「かご」をさがすでしょう。

5歳の子どもでは，このテストの正解率は約8割です。しかし，4歳の子どもでは正解率は約5割に下がります。自閉スペクトラム症の人など，「心の理論」が完成していない人では，「ボールは箱の中に入っているのだから，サリーは箱をさがすはずだ」，と考えてしまうのです。

においや音，光に敏感

ASDの症状をもっている人では，視覚や聴覚，嗅覚，触覚，味覚などが敏感になってしまうことがわかっています。

敏感すぎるのも，いろいろとむずかしさを生じそうですね。

聴覚が敏感な人のなかには，本人を取り巻く周囲の音がすべて耳に入ってくるため，会話中に相手の声が聞き取りづらいという人もいます。

また，聴覚過敏の子どもでは，聴覚過敏が大きいほど，おきているときに過活動をする子どもが多いという調査結果もあります。

周囲の音がすべて耳に入ってきたら，きっとうるさくてたまらないですよね。
なぜ敏感になるのでしょうか？

普通に発達した人の脳とASDの人の脳とで嗅覚の脳活動がどのように変化しているのかを調べた研究があります。それによると，普通に脳が発達している人と，ASDの人の脳では最初ににおいをかいだときの脳の処理にはちがいは認められませんでした。

ほぉ。

ところが，そのにおいの記憶にどのような意味があるのかを判断する過程でちがいがあらわれました。
具体的には，ASDの人の脳では，後頭葉の一部である**楔部**や帯状皮質の一部である**後帯状皮質**といった嗅覚以外の感覚刺激の処理に関与する脳領域が活動していたのです。

においの感覚を複雑に処理する過程にちがいが見られたんですね。

かつては，“ものまね神経”が原因だと考えられた

ASDの原因って何なんでしょうか？

まだはっきりとはわかっていません。そのため，さまざまな角度から研究が進められています。
かつては，脳の**ミラーニューロン**に原因があるのではないかと考えられていました。

みらーにゅーろん？
鏡ですか？

ミラーニューロンとは，ある動作を自分がするときと，同じ動作を他人がするのを見たときで，同じように活動する脳の神経細胞です。

どういうことですか？

たとえば，リンゴをもぎとるサルAを見ているサルBの頭の中では，自分がリンゴをもぎとるときと同じように，脳の神経細胞が活動しています。
これが，ミラーニューロンです。

まるで鏡うつしのように反応する神経細胞ってことですね。

そうです。
このミラーニューロンは，他人の行動を理解したり，他人に共感したり，他人をまねしたりするときにはたらき，言語の習得にもかかわりがあるとみられています。

じゃあ，そのミラーニューロンがうまくはたらかないとASDになる，ということでしょうか？

いいえ，現在ではミラーニューロンの機能障害だけでは，ASDの症状をうまく説明できないと考えられています。
ASDの症状の説明には，ミラーニューロンよりも高い機能をもつ脳の領域の説明が必要であるとされ，ミラーニューロン仮説に関する論文は少なくなっています。

コミュニケーションを支える脳のはたらきが弱くなっている

うぅむ，ミラーニューロンだけが原因ではなさそうなんですね。
では，脳のどこがASDに関与しているんでしょうか？

現在注目されているのが，脳の前頭葉にある**内側前頭前野**とよばれる領域です。

ないそくぜんとうぜんや？

内側前頭前野は，脳の前方にあり，社会活動に大きく関わる領域です。
たとえば，コミュニケーションをとっているときに，相手の反応がよければ，話し手はもっと話したいと考えます。このときに相手が「楽しそうだ」とか「つまらなそうだ」とかの反応を総合的に判断しているのが内側前頭前野です。

ほうほう。

この内側前頭前野で判断した情報は，大脳基底核にある報酬系とよばれる神経回路へ伝えられて，ここで話し手である自分が，このまま同じテーマで会話を発展させるか，話題を変えるのかを決めています。

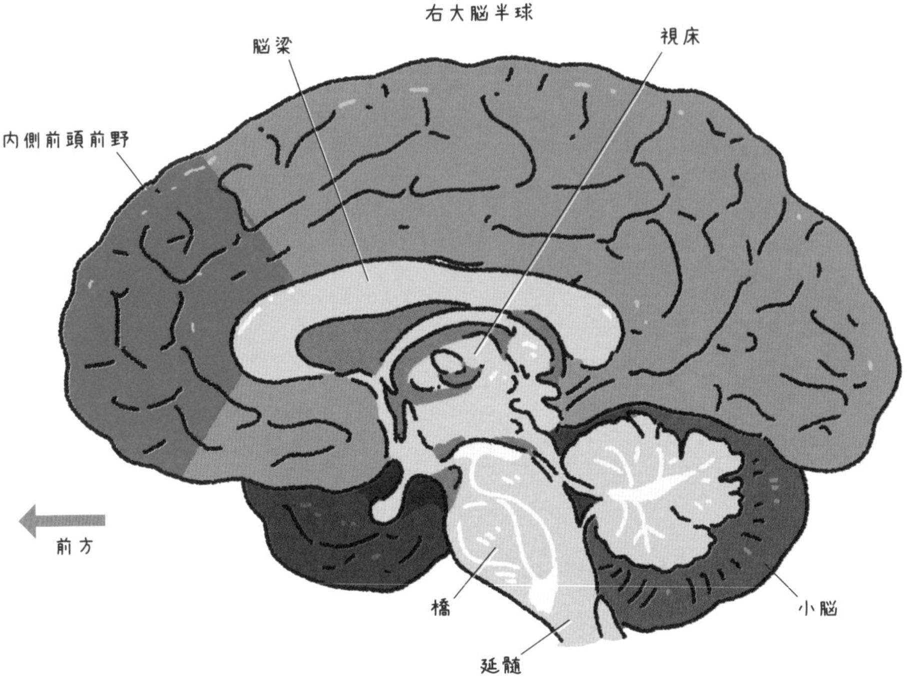

相手のリアクションから心を読み取る部位が，内側前頭前野ということですね！

ええ，そうです。
この内側前頭前野の判断には言葉だけではなく，視線や表情などの非言語情報が大きくかかわっています。
しかし，実は，ASDの特性をもっている人たちは，内側前頭前野の非言語情報を処理する領域があまりはたらいていないことがわかっているんです。

だから，視線や表情から相手の情報を読み取るのが苦手，ということなんでしょうか？

ええ。
ASDの特性をもっている人は，非言語情報である表情の情報を読み取りづらく，言葉や会話の内容などの言語情報から相手の反応を判断しがちです。
こうしたことから，脳の内側前頭前野の活動に，ASDの人とのコミュニケーションが苦手ということの一因があると考えられています。

ポイント！

ASDに関連する脳の領域

脳の前方にある「内側前頭前野」の非言語情報を処理する領域があまりはたらいていないことが，ASDの一因ではないかと考えられている。

実はNOと思っている人をえがきました。ASDの人は，相手の言葉がYESであれば，表情や声色がNOであっても，YESと理解してしまいます。そのため，相手が皮肉や冗談をいっても，その真意を理解することができません。

脳の体積がかたよっている傾向がある

ASDの子どもは，大人になってもずっと症状はそのままなんですか？

ASDの症状は，年齢と共に緩和されるということが経験的に知られているんですよ。
これは，脳が年齢とともに発達し，特性も変化するという特徴があるからです。

ほぉ，脳の発達で症状が緩和されるんですか。

はい。
脳の表面の神経細胞の本体がある場所は，**灰白質**とよばれています。
普通，灰白質の体積は，生まれてから徐々に体積を増していきます。思春期にピークを迎えて，その後，体積はゆるやかに減っていきます。

ASDの人の脳はちがうんですか？

ASDの人の脳は，**生後1～2年**の間に脳体積が急激に上昇します。
しかしその後は，ゆるやかに一般の子どもの脳と同じ体積に近づいていって，普通に発達した人と脳の体積はほとんど同じになります。

大脳（前方部分の断面）

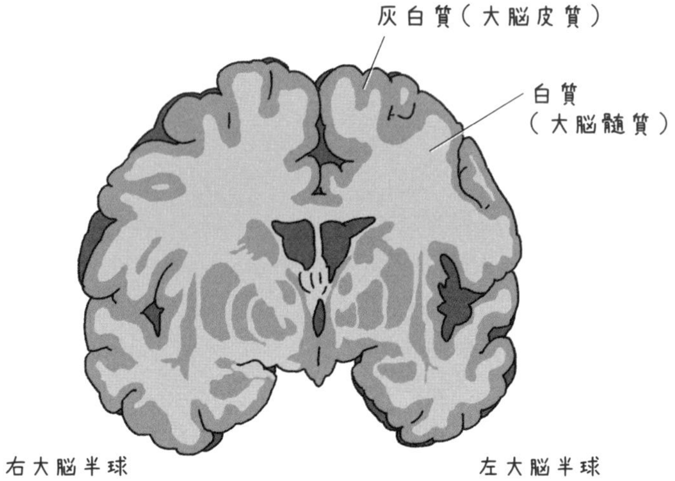

脳の大きくなりかたが，普通の子どもとASDの子どもでちがうわけですか？

ええ，1〜2歳の時期の脳の発達過程のちがいによって，普通に発達した脳と比べると体積が大きかったり小さかったりする部分が生じるようです。
つまり，普通とくらべると，脳の体積が場所によってかたよっている傾向にあるわけです。

脳の体積がかたよっている……。
具体的に，かたよりやすい部位はあるんでしょうか？

脳の体積異常をおこしている部分としては，次の部位があげられます。
表情の認知にかかわる**扁桃体**や顔の認知や視線処理などに関連する**紡錘状回**，対人コミュニケーションで情報処理の中心となる**内側前頭前野**，行動や運動の調整をおこなっている**小脳**などです。

ASDの症状と関係しそうな脳の領域に体積の異常が見られるのですね。

ええ。こうした脳の体積異常が対人コミュニケーションの機能低下を引きおこし，社会生活に影響をあたえていると考えられています。

体積異常が見られた領域

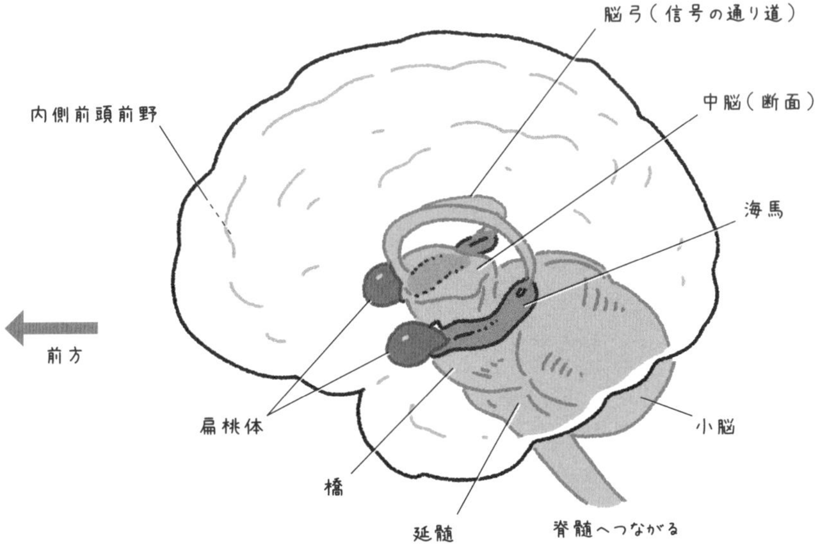

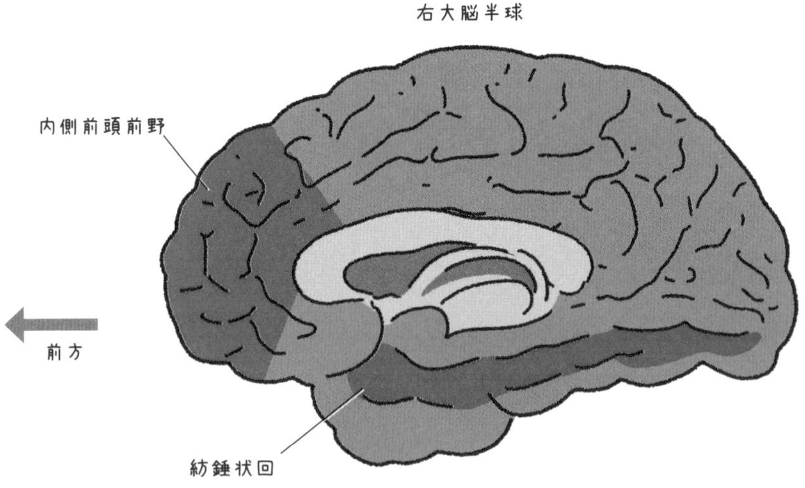

脳の炎症が影響しているのかもしれない

近年，脳内の**掃除係**であるミクログリアという細胞に注目した精神疾患の新しい仮説が注目されています。これを脳の**ミクログリア仮説**とよんでいます。

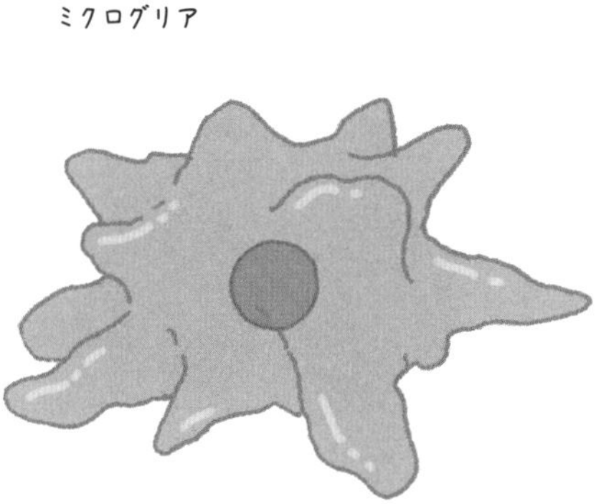

おー，新しい仮説ですか！
どういう仮説なんでしょうか？

まず，ミクログリアというのは，脳や脊髄といった中枢神経系に分布している細胞のことで，情報の伝達を行う神経細胞とはまたことなる細胞です。
ミクログリアは通常，枝のように突起を伸ばして，死んでしまった神経細胞を除去するなどの仕事をしたり，脳内の環境変化を点検したりしています。

脳を守る大事な細胞なんですね。

その通りです。
ところが，ストレスや病原体が侵入すると，ミクログリアは活性化して**攻撃モード**になります。

攻撃モード!?

ミクログリアが攻撃モードになると，アメーバー状に形を変え，ほかのミクログリアの応援をよんで炎症を引きおこしたり，病原体などにおかされた細胞を破壊する物質であるフリーラジカルを放出したりします。
このように攻撃モードのミクログリアは脳にダメージをあたえるため，アルツハイマー病などのさまざまな病気を引きおこしていると考えられています。

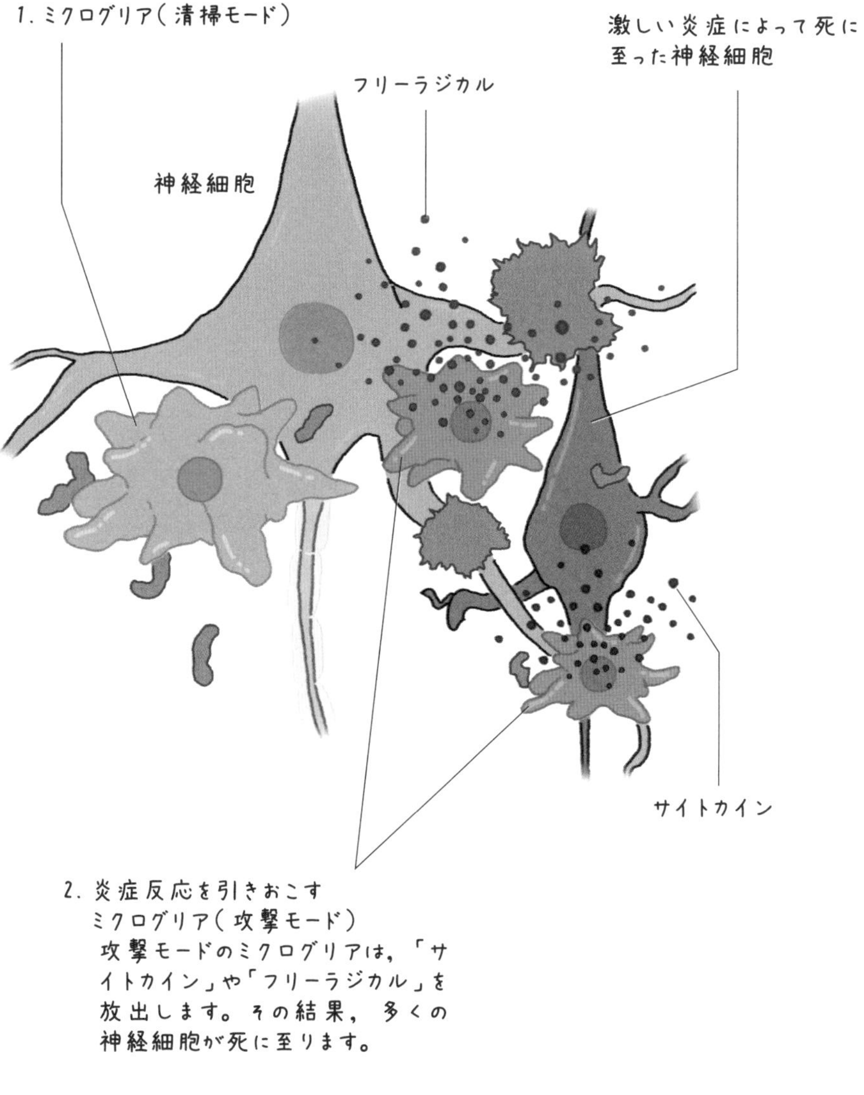
1. ミクログリア(清掃モード)
激しい炎症によって死に至った神経細胞
フリーラジカル
神経細胞
サイトカイン
2. 炎症反応を引きおこすミクログリア(攻撃モード)
攻撃モードのミクログリアは，「サイトカイン」や「フリーラジカル」を放出します。その結果，多くの神経細胞が死に至ります。

もしかして，ASDもその攻撃モードのミクログリアが関係しているんでしょうか？

はい，その可能性が報告されています。
実はASDの疫学調査では，**妊娠中のウイルス感染**が胎児のASD発症リスクを上昇させているということが報告されているんです。

なぜウイルスに感染するとASD発症リスクが上がるんでしょうか？

ウイルスなどの侵入によって脳のミクログリアが活性化すると，神経細胞を生み出す神経前駆細胞が除去されたり，傷ついたりすることで，脳の形に影響をおよぼす可能性があるのです。それがASDの発症のきっかけとなるのかもしれません。
ただし，現在，ミクログリアとASDとの関連についてはまだよくわかっておらず，盛んに研究が進められているところです。

原因は遺伝？　それとも環境？

ASDの原因が，脳のコミュニケーションに関わる領域にありそうだ，ということはよくわかりました。
でも，そもそもなぜ，脳に異常が出るんでしょうか？ 妊娠時の状態とかに関係があるんでしょうか？　それとも遺伝的なものなんでしょうか？

ASDの発症に何が関わっているのかは，まだよくわかっていません。
かつては「親の愛情不足が原因」との説が広まった時代もありましたが，今日では否定されています。

ということは生まれつきなのでしょうか？

そうですね。
まったく同じ遺伝情報をもつ**一卵性双生児**間で高い発症一致率（80～90%，二卵性双生児では10%程度）が見られることや，特定の家系で目立って発症する例などが明らかになったことから，現在では**遺伝**が大きく影響していると考えられるようになっています。

やっぱり遺伝の影響が大きいんですね。
たとえば遺伝子とかって特定されているんですか？

アメリカのマウントサイナイ医科大学シーバー自閉症研究センターの2020年の3万人以上のASDの人と家族を対象とした調査によると，ASD発症にかかわる遺伝子は**100個以上**にもおよぶということがわかっています。

そんなにたくさん!?

この研究では，ASDの発症にかかわる遺伝子が脳の発達の初期段階から活性化するということや，ほかの遺伝子の活性をうながしたり，脳の神経細胞の情報伝達にもかかわったりしていることが認められました。

ASDの特性がさまざまなのも多くの遺伝子が複雑に脳に作用しているからなのかもしれません。

うぅむ，ASDの発症は複雑なんですね。

ええ。

先ほど，男児は女児に比べてASDが多い，というお話をしましたね。もしかすると，これも遺伝の影響で説明ができるのかもしれません。

どういうことですか!?

性染色体である**X染色体上の遺伝子**がASDにかかわっているかもしれないのです。

全然どういうことなのかわかりません！

私たちの細胞一つ一つには，46本の**染色体（DNA）**がつまっており，この染色体上にたくさんの遺伝子がコードされています。
46本の染色体のうち，2本は**性染色体**といわれるもので，男性はX染色体とY染色体を1本ずつもち，女性はX染色体を2本もっています。

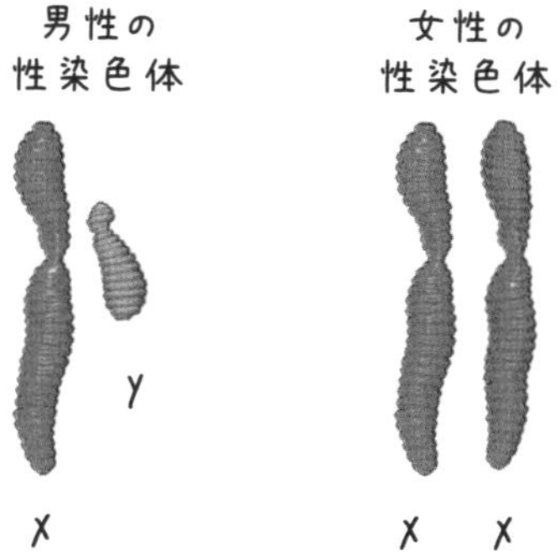

女性の性染色体は2本ともXなんですね。

そうなんです。
ですから，もしX染色体上の遺伝子に異常がある場合，女児ならばもう1本のX染色体にある同じ遺伝子が安全装置としてはたらきますが，男児の場合はそれがないわけです。

男児は，X染色体の異常が直接あらわれやすい，ということですか？

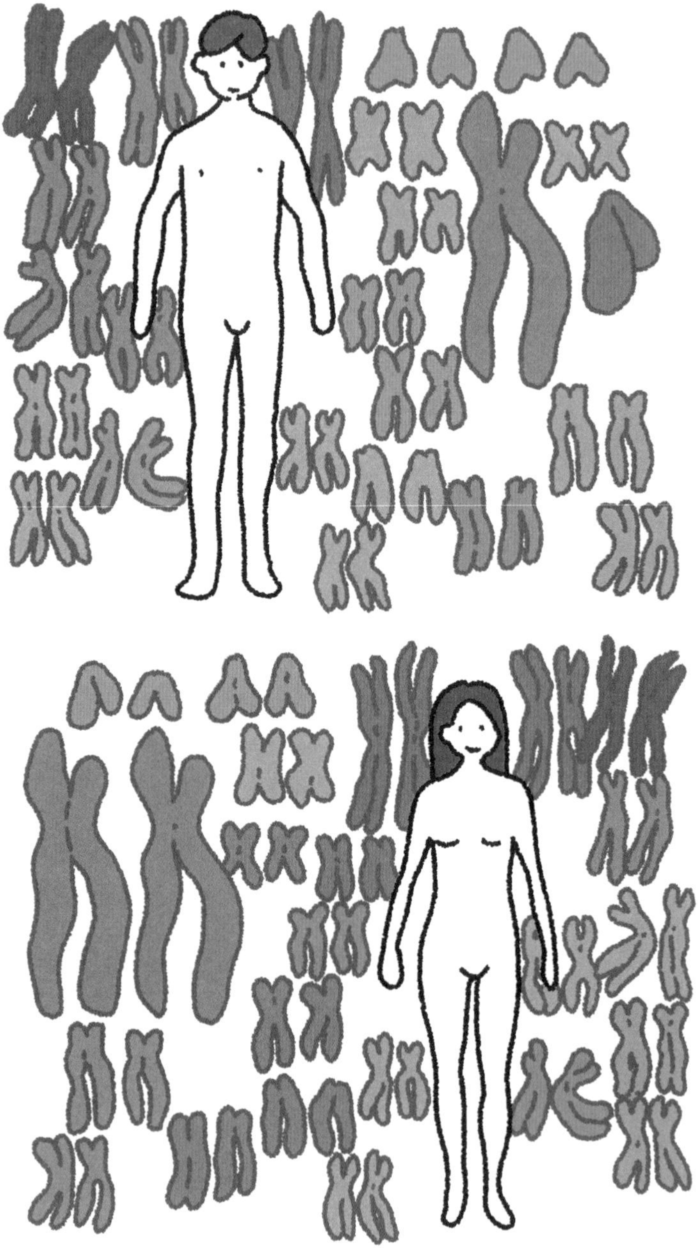

そうです。
ASDとの関連が指摘されている遺伝子は，X染色体上にあるものも多くあり，これらの遺伝子がASDが男児に多い理由の一つなのかもしれません。

なるほど。
ところで，ASDと遺伝子が強く関連しているのなら，遺伝子を検査することで，ASDを診断することはできないでしょうか？

実際にアメリカでは，ASDの診断に**遺伝子検査**が行われています。
アメリカのブラウン大学の調査（2013年〜2019年）では，ASDと診断された16.5%の人は遺伝子検査を受けたと報告されています。
遺伝子検査を受けた人は，検査を受けていない人に比べて，1.9歳ほど早期にASDと診断されることがわかっています。今後，遺伝子検査の比率をあげるように臨床の場で告知を行っていくそうです。

ということは，ASDになるかどうかは，遺伝だけで決まってしまうということですか？

うーん，そうとも言い切れないようです。
妊娠時の**母体環境**などといった環境要因の中から，ASDの発症と関係するものを探る調査や研究も世界各国で行われています。

そうした調査や研究の結果，妊娠初期の喫煙や出産時の父親および母親の高齢化，体外受精などの不妊治療などがASDの発症リスク要因となっている可能性が指摘されています。

ポイント！

ASDの原因

遺伝的な要因が複雑に影響し，生まれつき脳の発達のしかたが通常とはことなるためだと考えられている。また，母体環境などのリスク要因も報告されている。育て方が発症に影響するわけではない。

親の高齢化が影響するのかもしれない

近年，ASDと診断される人が増えています。
これは世間でASDが広く認知されるようになったために診断の機会が増えたためという理由だけでなく，**両親の高齢化**が影響している可能性が示唆されています。

両親の高齢化が，ASDの発症に影響するんですか？

はい，そのような報告がなされています。
たとえば，東北大学で行われたマウスを使った研究によると，高齢の父マウスから生まれた子ほど，ASDに似た症状が高い頻度であらわれることが確認されています。

どうして両親が高齢になると，子どものASDのリスクが上がると考えられるんでしょうか？

両親が高齢になると，精子や卵子に**遺伝的な変異**が蓄積し，それがASDを招く可能性があります。
また，近年では，DNAの配列の変化をともなわない，**エピジェネティックな変異**がASDに関連していることも報告されています。

えぴじぇねてぃっく？

本来，遺伝子は，DNAの四種類の塩基という“文字”の配列で私たちの体の中に記録されています（右のイラスト）。
この配列が変わると，遺伝子の機能がおかしくなったり，はたらかなくなったりするわけです。これが通常の遺伝子変異です。

ふむふむ。

一方，エピジェネティックな変異では，DNAの配列そのものは変化しません。

DNAの配列は変わらないのに，遺伝子のはたらきかたが変わるんですか？

そうなんです。
DNAは細胞の中で，**ヒストン**というタンパク質に巻きついて存在しています。実は，この巻きつき具合で遺伝子のONやOFFが切り替えられているんです。

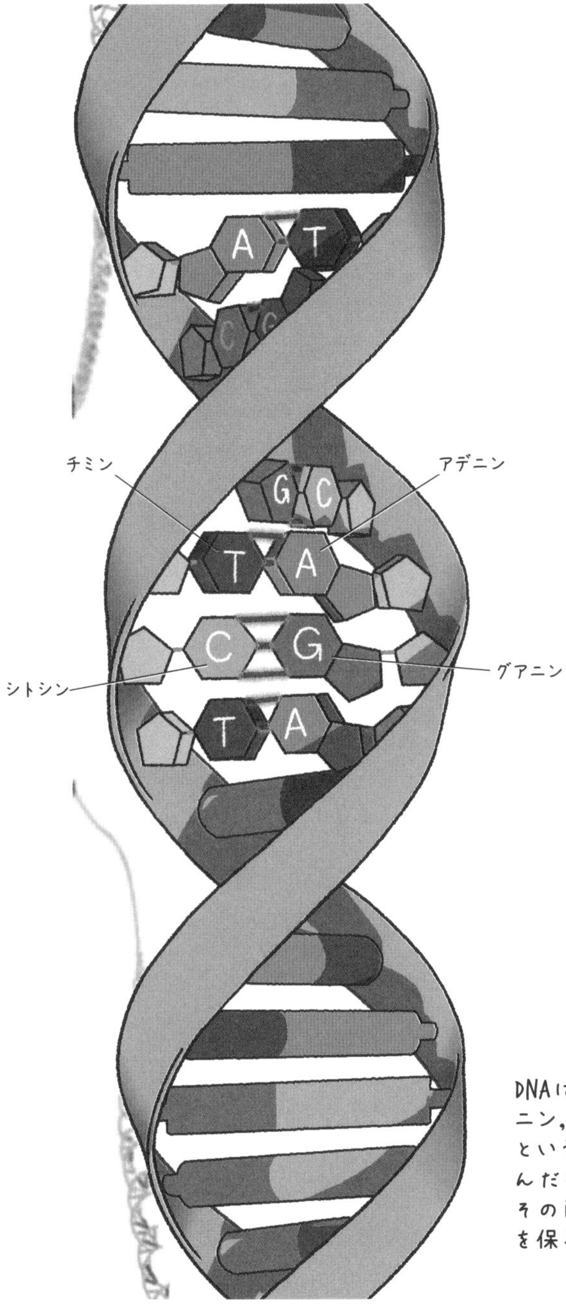

DNAは，アデニン，グアニン，チミン，シトシンという四つの塩基が並んだ構造をしており，その配列で遺伝情報を保存している。

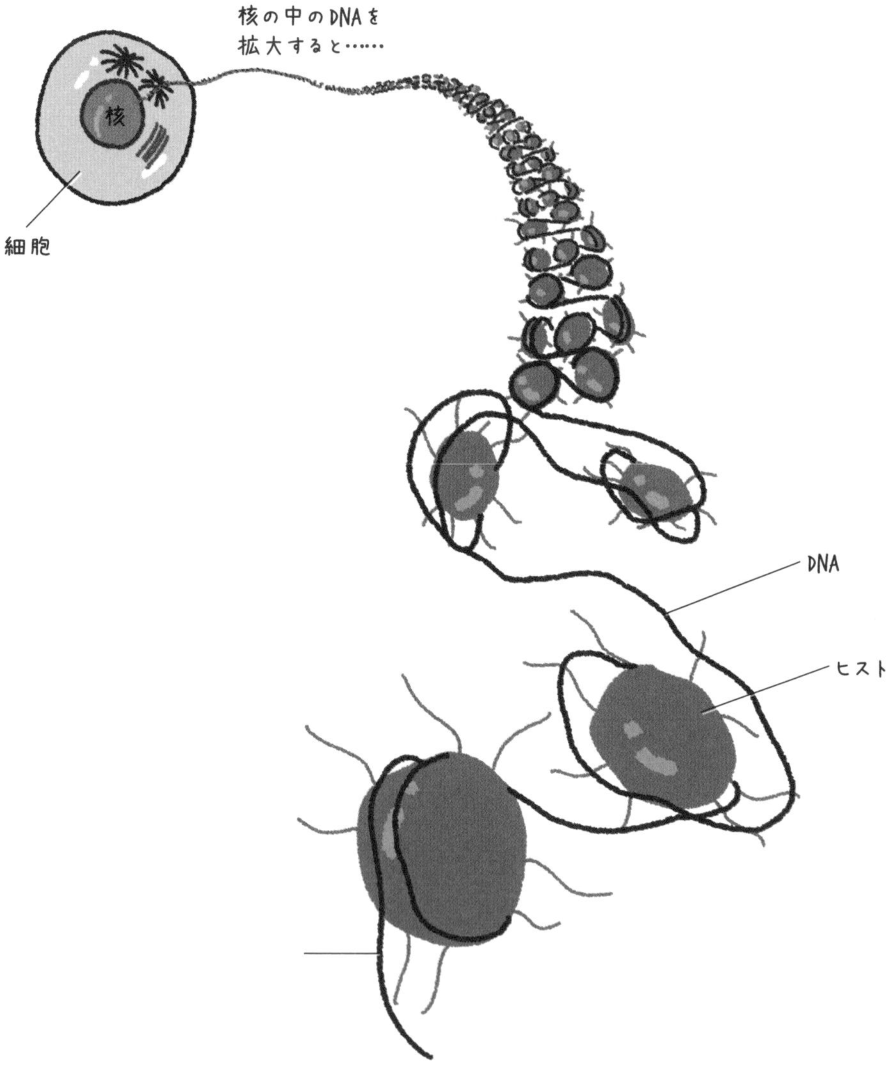
核の中のDNAを
拡大すると……
核
細胞
DNA
ヒスト

そのため，DNAやヒストンに化学変化が生じて，ヒストンへの巻きつき具合が変わると，遺伝子のON・OFFも変わります。このような変化のことを**エピジェネティックな変異**というのです。

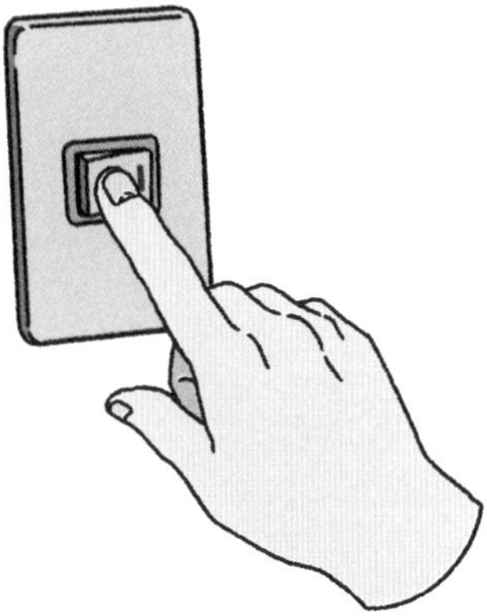

ふむふむ。
それがASDに関係していると？

両親の年齢が高くなると，精子や卵子のDNAやヒストンに異常な化学変化が蓄積し，結果として，子どもの神経回路の形成に必要な遺伝子群のはたらきが変化するのではないか，というわけです。
ただし，くり返しになりますが，ASDの発症メカニズムはまだよくわかっておらず，研究が進められています。

研究の進展に期待ですね！

ASDの特効薬はある?

ASDって薬などで治すことはできないんでしょうか?

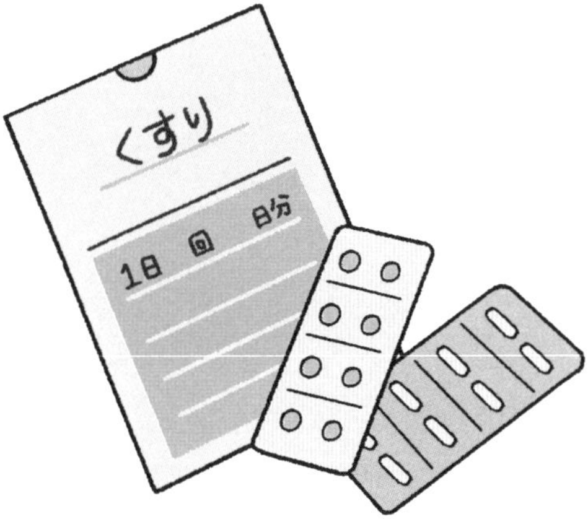

残念ながらASDを治す特効薬は存在していません。

うぅむ，そうなんですね。

しかしながら，これまで紹介したように，脳の発達によって年齢とともにASDの特性は緩和される可能性があることもわかっています。

このため，子どもの頃は，特性が強く出ていて，社会生活に支障をきたしていた人も，ある程度，年齢を経ていくと自分の特性を自分の環境に合わせて調整することも可能です。

なるほど。大人になるにつれて，対処できるようになると。うまく自分の特性と付き合っていくためには，どうすればよいでしょうか？

そうですね。
くわしくは4時間目で紹介しますが，まずは**自らの特性を知る**ことが重要になってきます。日常生活で困難に直面することが多いことや苦手だと感じることが多い人にとって，自分にはこのような特性があると理解して，長所を活かしたり，足りないところを補ったりするのはとても重要なことです。

まずは自分を知ることからですね。

ええ。
本人や周囲の人が特性を理解できないと，失敗や衝突が生まれます。こうなってしまうと本人の自尊心だけでなく，周囲との関係もうまくいかなくなります。
そうした問題に発展しないように，自分の特性を理解して，普段から困ったら人に相談できる環境を整えておくことが大切です。

ASDの人は，まずは自分のもつ特性がどのようなものなのかを，よく知ることが重要です。そして普段から，困ったときに誰かに相談できる環境を，整えておきましょう。

「オキシトシン」がASDの治療薬となるかもしれない

ASDの治療薬の一つとして期待されている物質があります。
それが**オキシトシン**です。

おきしとしん？

オキシトシンは，**幸せホルモン**ともよばれている物質で，抱き合ったりすると脳内で放出されることが知られています。
オキシトシンは，相手への信頼度を増やしたり，ストレスホルモンであるコルチゾールの濃度を下げたりする効果があります。

幸せホルモンだなんて，なんだかすごい物質なんですね。
それがASDに効果があるんでしょうか？

ええ。
ASDの人にオキシトシンを投与すると，表情を読み取る行動や目線を追うような行動が増えたり，表情が豊かになったりすることが，わかっているんです。

すごいですね！

2013年には東京大学の附属病院でASDと診断された男性にオキシトシンを投与する研究が行われました。
その結果，オキシトシンを1回投与すると，ASDの人でも，表情や声色を活用して，相手の真意を判断する行動が増えていることがわかりました。
さらに，社会的なコミュニケーションをつかさどっている内側前頭前野の活動が回復しました。
オキシトシンによって脳の活動に変化を与え，治療できる可能性が得られたのです。

すごい！
内側前頭前野って，ASDの人では，活動が低下している領域でしたよね。

ええ，このような研究成果などから，オキシトシンはASDの治療薬候補として期待されており，さらなる研究が進められています。

右大脳半球

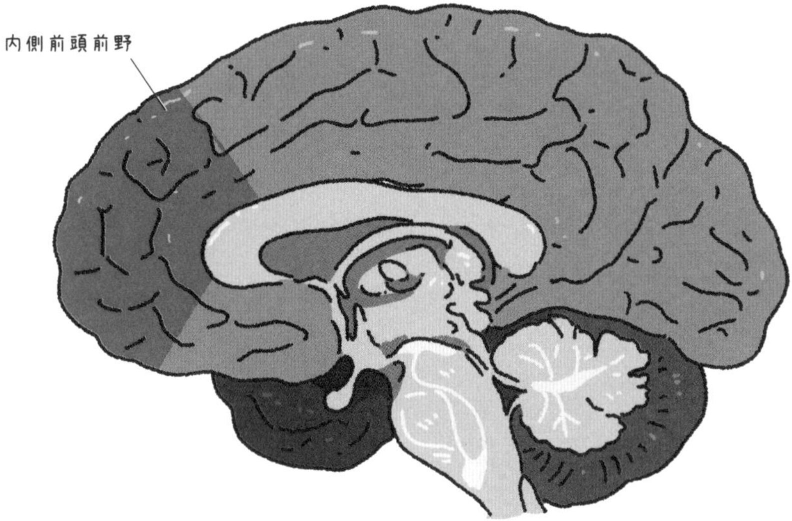

内側前頭前野は，大脳の内側のおでこ側にあります。

驚異の才能「サヴァン症候群」はASDの人に多い

さて，この2時間目STEP1の最後に**サヴァン症候群**とASDについて，簡単に紹介しましょう。

サヴァン症候群って何ですか？

世の中には，一瞬見たものを完全に記憶したり，むずかしい計算を暗算でやってのけたりする驚異的な能力をもつ人たちがいます。そのような人や状態をサヴァン症候群といいます。

さう゛ぁんってどういう意味ですか？

サヴァンとは，フランス語の「知る」という動詞から派生した言葉です。英語では，「すぐれた知能の人」という意味があります。

そういえば昔テレビで，一瞬見た風景を緻密に絵に描いた人が紹介されていました。
あの人がサヴァン症候群だったのかも。

そうかもしれませんね。
1789年に，アメリカの精神科医によって文献で紹介されたトマス・フリーという不思議な人物がいました。

彼は，数を数えるのがやっとなのに，あるとき「70年と17日と半日生きた人は何秒生きたことになるのか」と質問をされ，約1分半後に暗算で正確な答えを計算しました。この彼がサヴァン症候群でした。

そのめちゃくちゃすごい能力をもつサヴァン症候群とASDに何か関係があるんですか？

実はサヴァンの人は，ASDの人に多いといわれているんです。

ある研究によると，ASDの人の**10％～25％**がサヴァンと報告されています。

ただし，生まれたあとに，病気や事故によって，脳に損傷を負った結果，サヴァンの症状が出てくる場合もあります。

25％というと，4人に1人の割合ですよね!?　かなり多いですね。

どういう能力をもっていることが多いんでしょうか？

サヴァンの症状をもっている人のなかで最も多いのは，**カレンダーの計算能力**です。過去，未来にわたり，ある日が何曜日であるかを瞬時に知ることができる特性を発揮します。

さらに，なかには，過去4万年，未来4万年の日にちについて曜日を答える人たちもいます。この能力については，カレンダーに規則をみつけ，無意識にその規則を使って答えているのではないかという仮説があります。

すっごいですね。
いったいなぜそのような特殊能力を発揮できるんですか？

サヴァン症候群のメカニズムははっきりとわかっていませんが，仮説の一つに**左脳の機能障害**という説があります。
サヴァン症候群の人の脳を死後，解剖したり，脳画像の診断をしたりした結果，左脳の機能障害がいちじるしいことがわかりました。

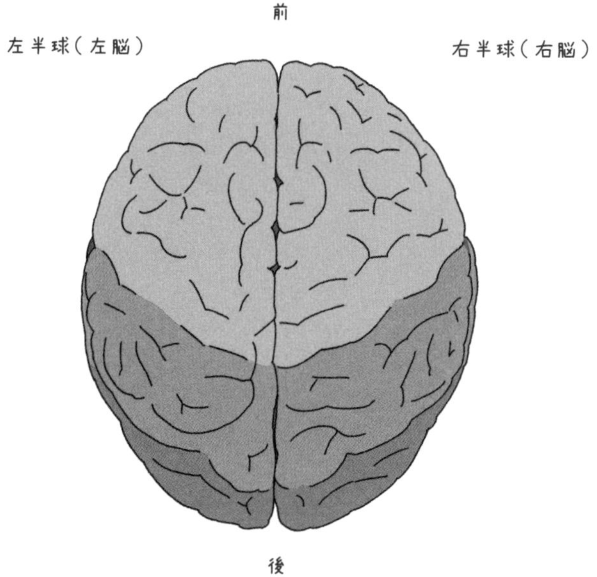

左脳ですか……。

左脳は言語や秩序だった論理的な思考，記号や言語などを使う抽象化思考などにかかわっていると考えられています。胎児期において，左脳は右脳のあとから発達するといわれており，完成形になるまでの不安定な期間が右脳よりも長いとされているなどの説が有力になっています。

STEP 2

不注意や落ち着きのなさが特徴 注意欠如多動症（ADHD）

子どもの 5～10％に症状があらわれるという ADHD（注意欠如多動症）。ADHD の症状は主に行動面にその特性があらわれるとされています。

ADHDの症状は3タイプ

ASDの次は**ADHD**を紹介しましょう。
ADHDは，「Attention-Deficit/Hyperactivity Disorder」の略語であり，日本では「注意欠如多動症」などと訳されています。

たしか，注意力の維持がむずかしかったり，じっとしているのが苦手だったりするんでしたよね。

そうです。約束や物を忘れるなどの**不注意**や，しゃべりつづけるなど**多動**が見られます。
同時にさまざまな作業を並行して進める**マルチタスクも苦手**です。
さらに，これらの特徴から，ADHDの人は徐々に生きづらさを感じるようになり，**ほかの精神疾患**も同時に発症することも多いです。

ほかの精神疾患？

はい，うつ病やパニック症，依存症をきっかけに精神科を受診したところ，背後にADHDがかくれていたことが判明するといった例も少なくないのです。

ふぅむ。
どれくらいの人がADHDなんでしょうか？

ADHDはASDよりも多く，子どもの**5〜10%**がADHDだという報告があります。
成人については，およそ**2.5%**がADHDだといわれています。

成人の方が少ないんですね。
ADHDは治ることもあるというですか？

いいえ，大人になるにつれて症状がおさまっていくように見える場合もありますが，本人や周囲の努力によってカバーされているだけで，加齢とともにADHDが根本的に改善されるわけではありません。
また，大人になってから病院を受診するADHDの患者の数は，**ASDの5倍以上**いるという報告もあります。

ADHDの不注意や多動に苦しんでいる人は，実は身近に多くいるかもしれないんですね。

そうですね。
ADHDの症状のあらわれ方は，個人で差があり，症状の程度がひとりひとりでことなります。
多動が目立つ場合もありますし，**衝動**が目立つ場合もあります。また**注意欠如**が症状として強く出る場合もありますし，すべての症状があらわれることもあります。

一口にADHDといっても症状の出方はいろいろなパターンがあるんですね。

そうなんです
また，成長の途中ではある症状が抑えられたり，症状が目立たなくなったりすることもあります。
ADHDの症状は主に**注意欠如優勢型**，**多動・衝動性優勢型**，**混合型**の3タイプにわけられます。

3タイプに……。
どのタイプが一番多いのでしょうか？

多動，衝動，注意欠如の三つの症状をあわせ持った混合型のタイプがほとんどを占めているといわれています。

ポイント！

ADHDの3タイプ

・多動・衝動性優勢型

女性よりも男性に多くみられるADHDの特性です。多動性が優勢な人は落ち着きがなく，じっとしていることができないという特徴があります。衝動性が優勢な人は，自分の感情の調整や抑制が苦手な人も多く，考える前に行動するなど衝動的に動く人もいます。そのため，物事の優先順位を決められないという人もいます。

・注意欠如優勢型

男性よりも女性に多くみられるADHDの特性です。集中や注意を長い時間維持することができないため，子どもの頃は，ほかの子どもに比べると学習が遅れがちになります。何か行動するときに集中しつづけることができないため，忘れ物が多くなったり，物をなくしたりすることが少なくありません。また，整理整頓などが苦手という特性をもっています。

・混合型

多動性や衝動性，注意欠如という三つの特性をすべてもち合わせているタイプです。人によって特性があらわれる度合いは差があります。たとえば，自分の興味があることの場合に急に多動性や衝動性があらわれたりします。反対に自分の興味がないことになると，急に注意欠如の特性があらわれたりします。

多動・衝動性優勢型は，そわそわして見える

ADHDの三つのタイプをそれぞれ見ていきましょう。まず，多動・衝動性優勢型です。アメリカの精神医学会が用いているDSM-5では，多動性や衝動性の症状が，**二つ以上の場面・状況**で少なくとも**6か月間つづく**ことなどを多動・衝動性優勢型の診断基準としています。

どういう行動が診断の材料になるのでしょうか？

診断のもとになる症状は，あらゆる行動にわたります。たとえば，座ったままじっとしているのができないので，席を離れたりする。指を動かしたり，貧乏ゆすりなどで足を動かしたりする。周囲が走り回る状況ではないのに，走り回ったり，落ち着きがないようすを示したりする，といった行動があげられます。

ふむふむ。

ほかにも，順番を待つことができなかったり，相手の質問が終わる前に答えたり，過度に話をしたりするなどがあります。また，他人のしていることに横やりを入れることもしばしばで，静かに過ごすことができないという特性があります。

落ち着きがない

じっと座ることができない

たとえば小学生になると，一コマ45分の授業を受けるのが一般的ですが，多動・衝動性優勢型ADHDの特性が強いと，その間じっと座っていることができません。このことから1時間前後の間，座っていられるかどうかをADHDの判断の目安とする精神科医もいます。

授業中じっとすわっていられなかったり，相手の話をさえぎって自分の話をしたりすると，社会の中でいろいろな困難が生じそうですね。

ええ，おっしゃる通りです。
多動・衝動性優勢型の特性は集団生活のなかで避けられたり，嫌われたりする原因になる可能性があります。
疎外感から他者に対する怒りを示したり，問題を解決するよりも開き直ったりして，さらに孤立を強めていきます。
それが原因でいじめられたり，いじめたりして，なかなか集団生活に適応することができなくなることもあります。

うぅむ。
身近な人はどうすればよいのでしょうか？

まずは，疎外感を抱いて社会から孤立しないように，親が声を掛けたり，ネットワークをつくったりして，孤独な状態をつくらないことが必要です。

注意欠如優勢型は，ぼんやりして見える

次は**注意欠如優勢型**です。

注意欠如優勢型はどういう特徴があるのでしょうか？

常に落ち着きがなくそわそわしている多動・衝動性優勢型に対して，ぼんやりしているように見えるのが注意欠如優勢型の特性といえるかもしれません。
たとえば，誰かに話し掛けられてもボーッとしていて聞いているのか，それとも聞いていないのかわからないように見えるのも注意欠如優勢型の特性といえるでしょう。

やはり普段の行動から診断がなされるのですか？

はい。
DSM-5の診断基準では，行動の特性が**長期的に**かつ**頻繁に**つづき，ほかの疾患と比べて特徴的だと見られたら注意欠如優勢型と診断しています。

具体的にどのような行動が注意欠如優勢型の特性だと判断されるのでしょうか？

まず細部に細心の注意を払わなかったり，学校や職場で不注意が原因のトラブルをおこしたりすることです。

やらなければいけないことに集中しすぎたり，目の前の活動に注意を払いつづけることがむずかしかったりすることが多いとされています。

集中力をうまくコントロールできないんですね。
勉強や仕事などいろいろなところで支障が出そうです。

ええ。
たとえば，仕事の面では指示に従うことができなかったり，集中力を持続させることができず脇道にそれやすいので，時間内に仕事を終わらせることができなかったりします。
また，プロジェクトのような長期間の精神的な努力を必要とするような業務を嫌がることもあります。

注意力が散漫だと**忘れ物**なども増えそうですね。

そうですね。**忘れ物**が多いのも注意欠如優勢型の行動特性でもあります。
たとえば学校の授業や仕事などで必要な道具を忘れたり，身の回りのものをなくしたりしてしまいます。教材や鉛筆，授業に必要な本や財布，鍵や眼鏡，スマートフォン，仕事で必要な書類など目の前のことに集中しつづけられないため，どこに置いたのかわからなくなってしまうのです。

忘れ物

遅刻

そのほかにはどういう特徴がありますか？

順序立てて物事を整理できなかったり，大事なものと不要なものの区別がつかなかったりして，部屋に物があふれ，足の踏み場もないような状態になってしまうことも少なくありません。

混合型は，人によって症状がことなる

三つ目の**混合型**はどういうタイプでしょうか？

多動・衝動性優勢型と注意欠如優勢型の症状をあわせもつタイプが混合型といわれます。
ADHDの症状が出ている人の**8割**が混合型のADHDの特徴をもっているといわれています。

この混合型がADHDの大多数を占めているんですね。

ええ。アメリカ精神医学会のDSM-5の診断基準では，多動・衝動性優勢型と注意欠如優勢型の両方の症状が**6か月間**つづく場合は，混合型に分類しています。

どちらの特性もあらわれる……。

混合型ADHDの人は，多動・衝動性優勢型と注意欠如優勢型の行動特性がありますが，症状は個人で大きくことなります。
たとえば，人の話を聞かずに一方的に話しつづけたり，脈絡のない行動をしたりするだけでなく，細部への注意や集中がつづかず，整理整頓が苦手という人もいます。
一方でいつもぼんやりしていて，人が話し掛けても聞いていないように見える人も，自分の好きな分野や興味がある分野では，急に饒舌になって他人との会話をさえぎるような多動・衝動性の特徴を見せることもあります。

一口に混合型といっても，症状はさまざまなんですね。
それにしても，多動・衝動性優勢型と注意欠如優勢型の両方の特性が重複しているとは，厄介ですね。

ええ。
さらに，多動・衝動性や注意欠如の行動特性が重複するだけでなく，限定された反復的な行動やコミュニケーションに障害が出るASDと症状が重複することもあります。

ASDとも!?

その場合，どういう症状が見られるんでしょうか？

たとえば，注意欠如というADHDの行動特性が出ているだけでなく，決められたスケジュールに沿ってでないと行動できない，同じ帰宅経路でないと気が済まないなどのASDに特有な症状が出ることがあります。
ただ，ASDとADHDの両方の特性が見られる人では，それぞれの特性が弱まることもあります。

ADHDは，脳の「報酬系」と関係がある

ADHDの行動の特徴，いろいろとよくわかりました。
なぜこれらの症状が出るんでしょうか？

発達心理学者の**エドモンド・ソヌガ・バーク**が2003年に発表した理論によれば，ADHDの症状があらわれる原因として，主に**二つ**あるといいます。

ほぉ，二つも……。

まず一つは**実行機能の破綻**です。
実行機能の破綻は，注意を持続できない，意図したことを計画的に実行できない，状況が変化したら柔軟に実行できないということなどの原因になると考えられています。

ふぅむ。
もう一つは？

もう一つは，**報酬への反応の問題**です。
報酬への反応に問題があると，報酬の遅れなどに耐えられずに衝動的にほかのもので気をまぎらわせるため，多動や不注意の原因になると考えられています。

実行機能の破綻と，報酬への反応の問題がADHDの原因と考えられるのですね。
この二つが発生する理由は何でしょうか？

近年の脳科学の研究では，この二つの問題は脳にある**報酬系**というしくみと大きく関わっている可能性が明らかにされつつあります。

ほうしゅうけい？

報酬系とは，報酬に対する快や不快の反応を生みだす神経回路のことです。
報酬系では，**ドーパミン**という神経伝達物質が脳に信号をあたえ，情動や行動を促したり，抑制したりしています。

ドーパミン？　神経伝達物質？

ではちょっと脱線しますが，報酬系について説明するまえに，簡単に脳の神経細胞による情報伝達のしくみについて説明しておきましょう。

私たちの脳の機能は，膨大な数の神経細胞のはたらきで実現しています。神経細胞は，電気信号を伝える機能をもち，情報処理や情報の伝達をになう細胞です。

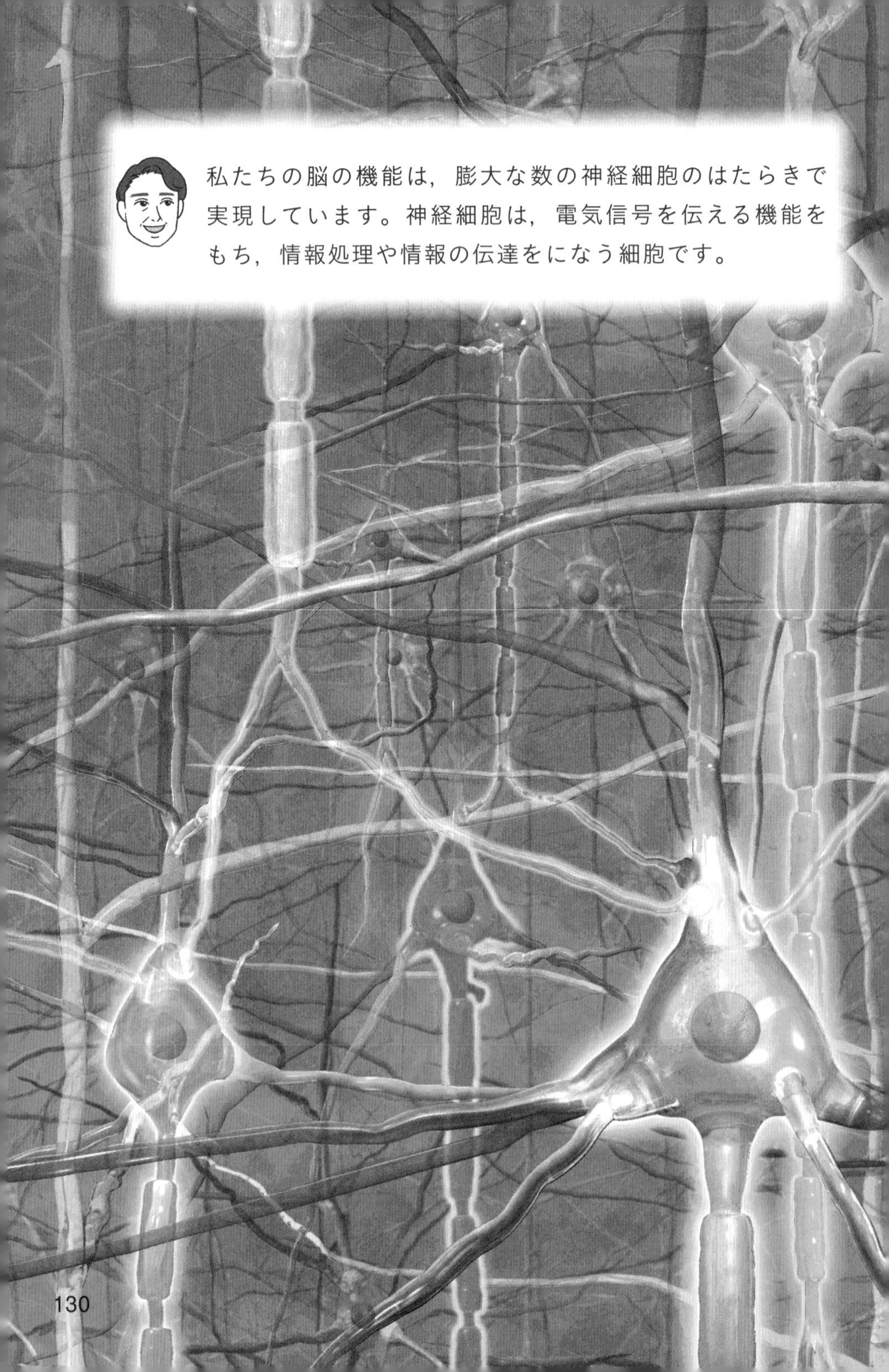

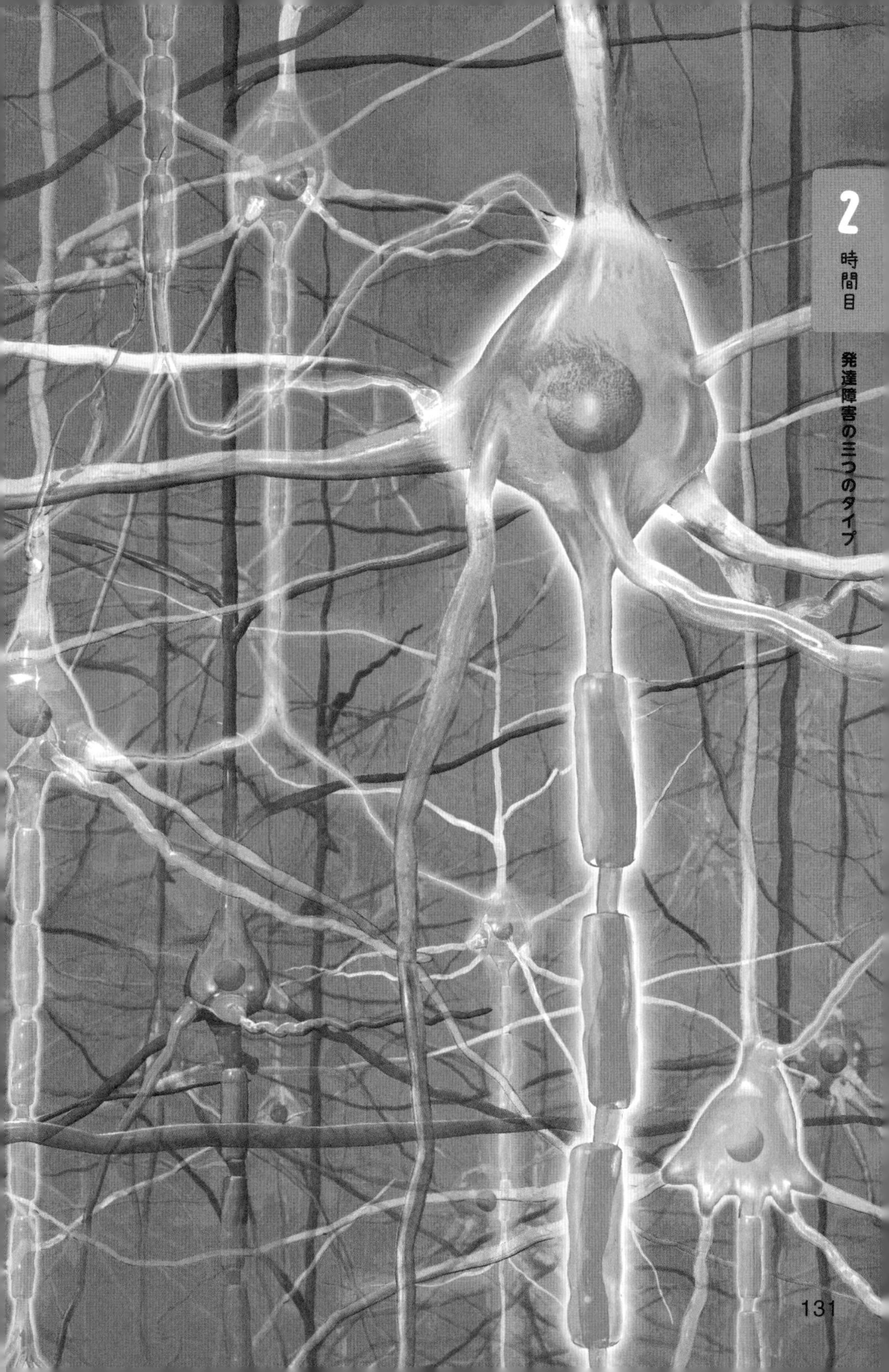

ふむふむ。

次のイラストは神経細胞の模式図です。
神経細胞は，本体にあたる細胞体から細長い突起が何本も出ています。この突起を使うことで，ほかの神経細胞と接続し信号をやりとりしています。

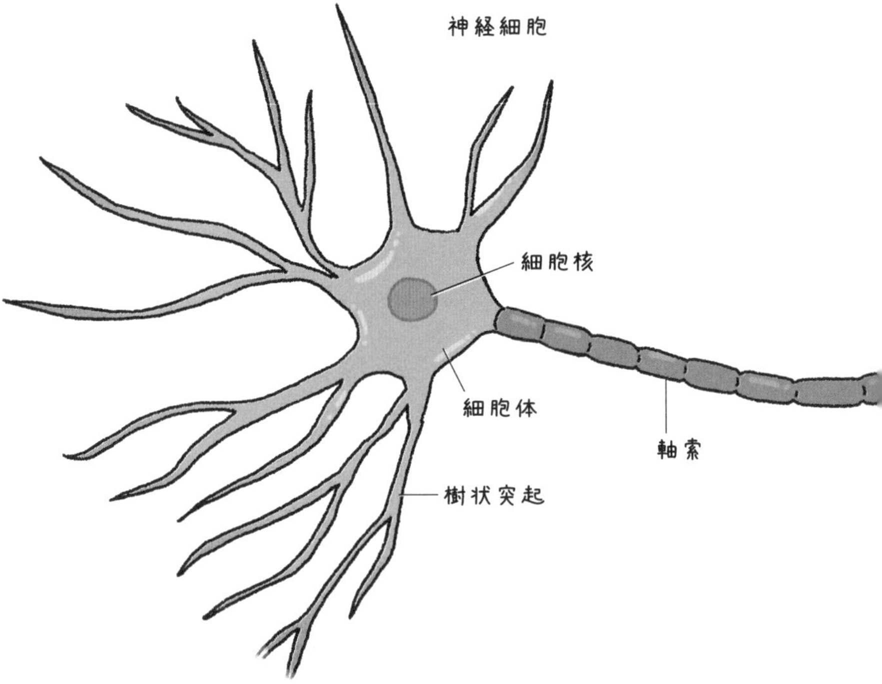

神経細胞は信号を送るケーブルをもっているわけですね。

そういうことです。
さらに突起には軸索と樹状突起の２種類があります。
軸索は，細胞体から１本だけ長く伸び，信号を送る役割をにないます。

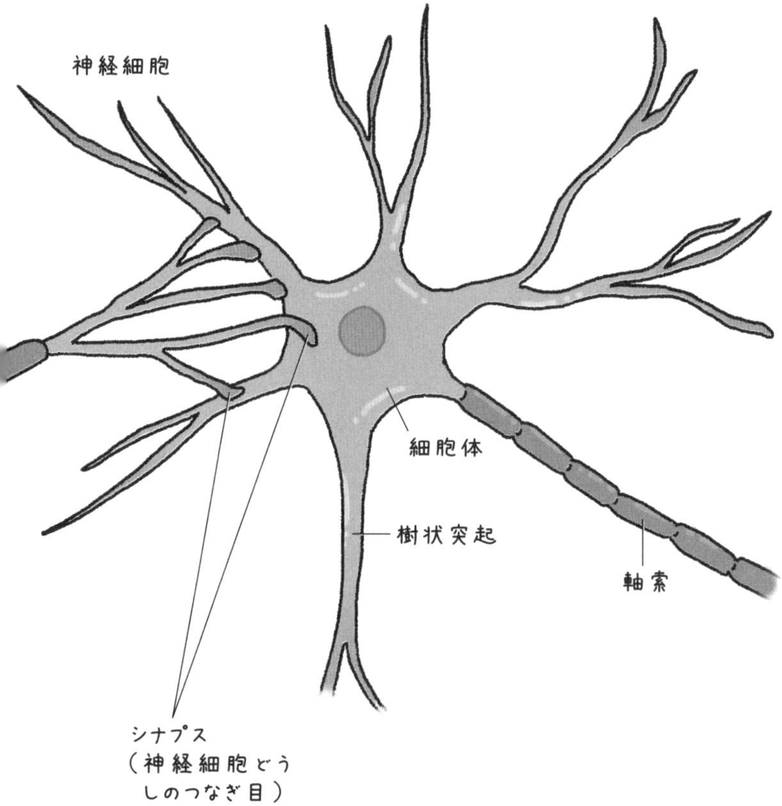

一方樹状突起は，細胞体からいくつも伸び，信号を受け取る役割をにないます。

送信用と受信用で分かれているんですね。

はい。軸索の中を電気信号が伝わっていき，軸索の末端までくると，次の神経細胞に情報を伝えます。この神経細胞どうしのつなぎめのことを**シナプス**といいます。

しかし，このシナプスの間にはごくごくわずかなすきまが空いており，この間を電気信号が伝わることはできません。

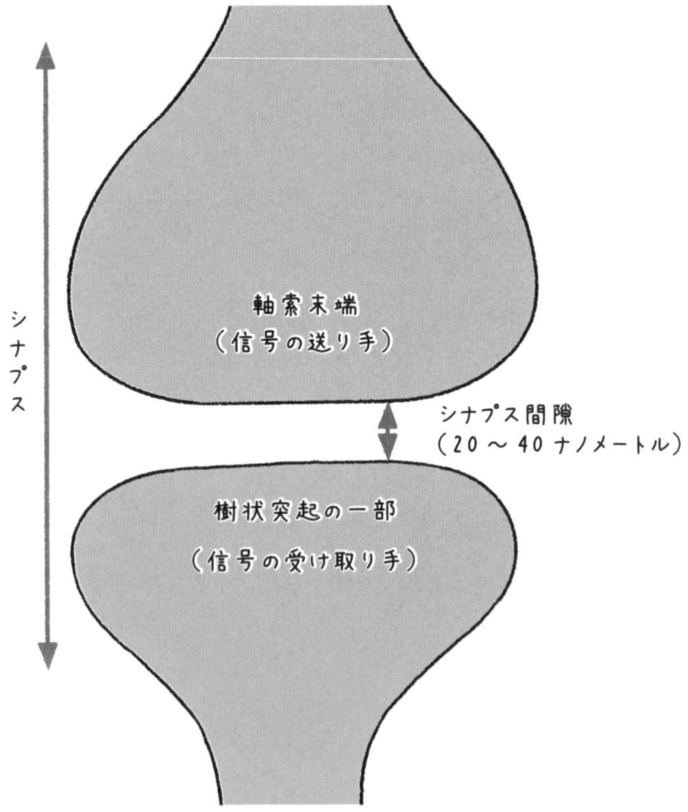

えっ!?
じゃあ，どうやって情報を次の神経細胞に伝えるんでしょうか？

ここで登場するのが**神経伝達物質**です！
軸索の末端まで電気信号が伝わると，そこから神経伝達物質とよばれる化学物質がシナプスの間の空間に向けて放出されます。
そして，次の神経細胞の表面には，この神経伝達物質をキャッチするための**受容体**というタンパク質が存在しています。
受容体を介して，この神経伝達物質を受け取ると，再び電気信号に変換されて，情報が伝わるのです。

なるほど。
神経伝達物質というのは，次の神経細胞に信号を伝えるための物質ってことですね。
その一つがドーパミンということですか？

そうです。少し寄り道をしましたが，報酬系の話にもどりましょう。
神経伝達物質にはさまざまなものがありますが，とくに報酬系の神経回路で利用されるのがドーパミンです。

そのドーパミンが関わっている報酬系がADHDと関連がありそうなんですか？

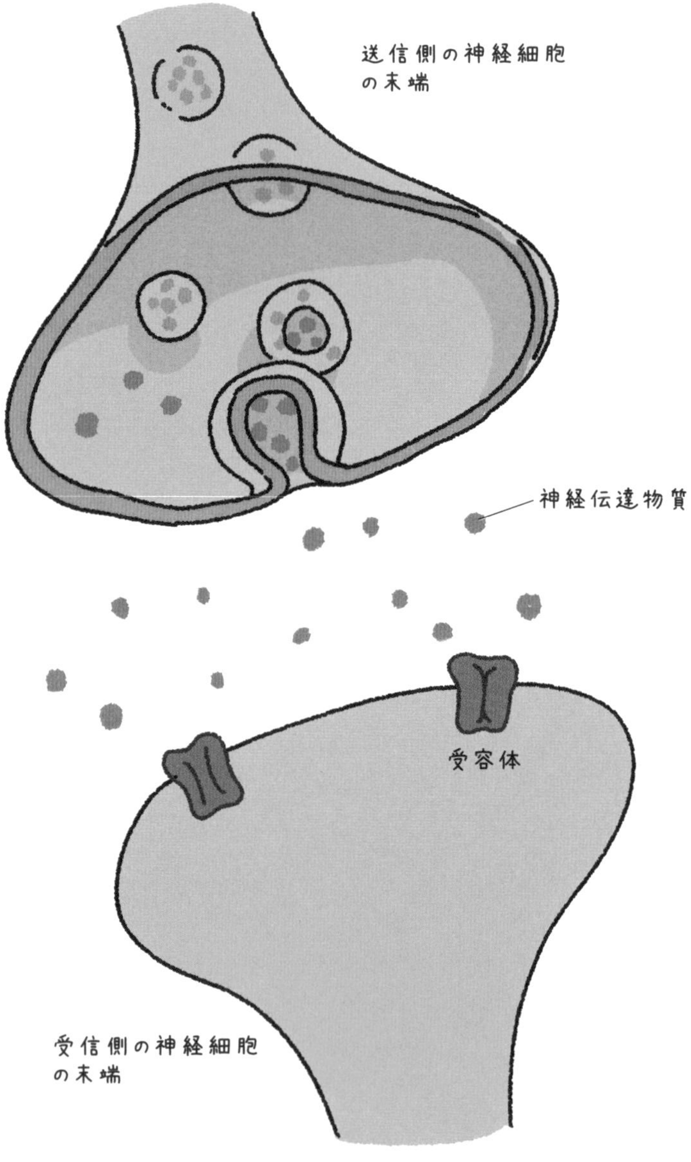
送信側の神経細胞
の末端
神経伝達物質
受容体
受信側の神経細胞
の末端

そうなのです。
ドーパミンが作用する神経回路は，**A9回路**と**A10回路**という二つが知られています。
A9回路は，脳の線条体という部分に信号を送る回路で，身体運動や行動の調整に関わる機能に関わっているとして知られています。
一方，A10回路は前頭前野に信号を送る回路で，行動の実行を判断したり，決断したりする機能に関わっていると考えられています。

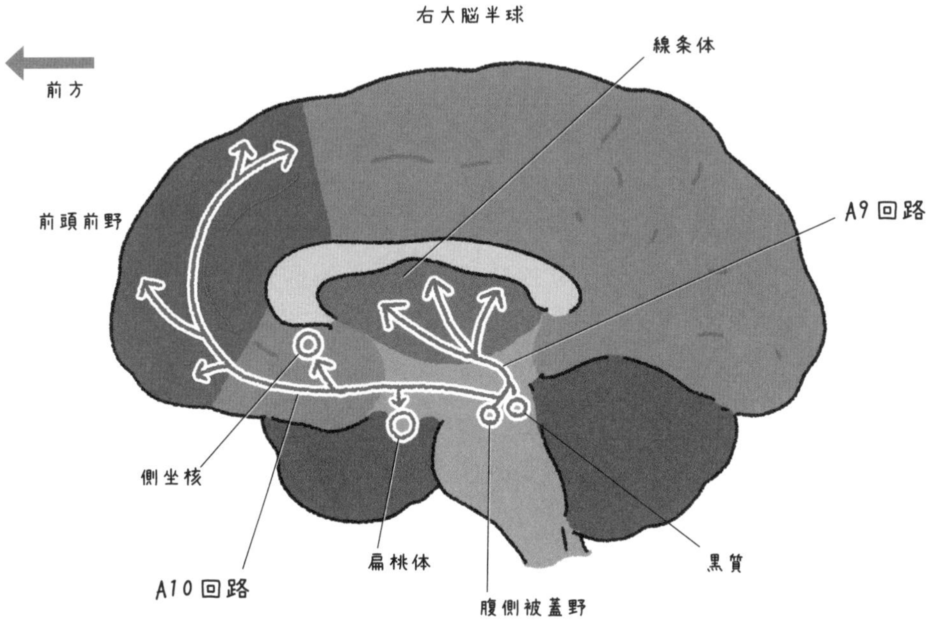

ほう。

この二つの神経回路で，ドーパミンがうまく作用しないなどの理由で，ADHDの症状につながっているのではないかという研究が報告されています。

脳の「基底核」が通常より小さくなっている

ADHDの具体的な原因はまだ明らかになっていません。しかし最新の脳科学では，脳のどの領域の機能不全がADHDをおこしているのかが，次第に明らかになりつつあります。

ほぉ！
脳のどこに原因がありそうなのでしょうか？

ADHDと関連していると考えられている一つが**大脳基底核**です。

だいのうきていかく？

脳の中では無数の神経細胞がケーブルを使って情報を伝えあっています。

神経細胞の本体（細胞体）は主に，脳の表面に集まっているのですが，脳の内部にも細胞体が集まっている領域があります。そのような領域を核といい，大脳の深部にある核が**大脳基底核**です。

ふむふむ。
ここがADHDに関係していると？

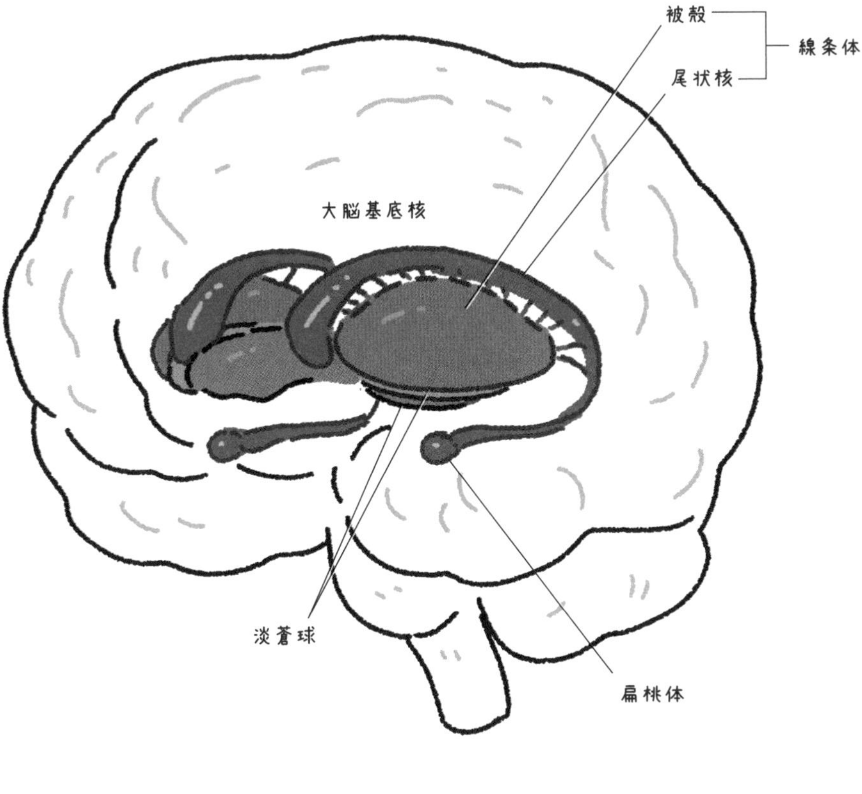

ええ。
大脳基底核は，運動の調整や，意思の決定，記憶，物事の遂行，意欲や情動の調節などにかかわります。
このため，大脳基底核に問題があると，多動や衝動性を抑制するはたらきに支障が出やすくなります。

ということは，ADHDの人の脳では，この大脳基底核に何らかの異常がおきているということでしょうか？

ええ。実際にADHDの行動特性が出ている子どもの脳は，普通の子どもの脳とくらべて**大脳基底核の体積が小さい**傾向があることがわかっているのです。

大脳基底核が小さい!?

脳の報酬系回路は神経伝達物質のドーパミンを介して大脳基底核に意思決定や記憶の機能，物事を遂行する機能を実行するための情報を伝えます。
しかし，大脳基底核に正しく情報を伝えるためには，ドーパミン受容体が機能しないとうまく伝わりません。そのため大脳基底核には，ドーパミン受容体が一番多く分布しているのです。

ところが，ADHDの人の脳は，大脳基底核の体積が小さいと……。

そうです。
そのため，ドーパミン受容体の数も多くありません。その結果，ドーパミンのはたらきが弱くなり，情報がうまく伝わりづらくなります。これがADHDの症状に影響をあたえているのではないかと考えられています。

物忘れにかかわる脳の領域

脳には，ワーキングメモリという機能があります。
しかし，ADHDの行動特性をもっている人のなかには，ワーキングメモリという脳の機能が低下している人が少なくありません。

わーきんぐめもりって何ですか？

ワーキングメモリとは，ある情報をもとに行動の計画を立てたり，作業をこなすための情報の取捨選択をしたりするときにはたらく機能のことです。
たとえば買い物に行こうと思ったとき，私たちは全体の流れを決め，道順や家を出る時間，買うべき物などといった関連情報を頭に入れますよね。そして行動が完了すると，それらの記憶は消え去ることが多いです。このようなしくみがワーキングメモリです。

手順を考えたり，物事を並行して作業するときに必要な能力ということですね。

はい。そうです。
ワーキングメモリは，脳内に一時的に記憶を保持し，作業が終わればリセットされることから**作業台**にたとえられます。

そのワーキングメモリのはたらきがADHDの人では低下していることが多いと……。
ワーキングメモリは脳のどこがになっているのでしょうか？

ワーキングメモリの機能は，大脳の3割を占める**前頭連合野**（46野など）という領域がになっているとされます。
前頭連合野は，脳全体にワーキングメモリを伝達して，行動や情動の調整を行っています。

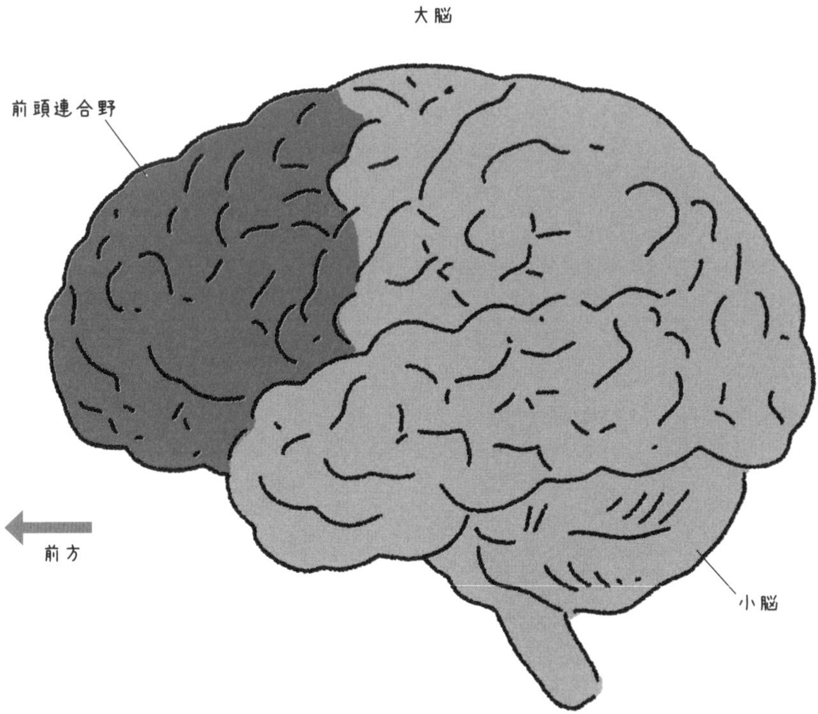

ところがADHDの人の脳は，前頭連合野の体積が，通常よりも少ない傾向があるのです。

報酬系の機能不全だけでなく，ワーキングメモリの機能低下もADHDの人の脳では見られるわけですね。

ええ，これらが原因となり，ADHDのさまざまな症状が引き起こされるのではないかと考えられています。

脳の情報伝達を改善する，ADHD治療薬

ASDは治療薬がないということでしたから，やはりADHDも薬で治療することはできないのでしょうか？

いいえ，ADHDには，**脳の信号の伝達を改善する治療薬**がありますよ。

ほぉ！
どういう薬なんでしょうか？

これまでみてきたように，多動・衝動性や注意欠如の特性があらわれるADHDは，脳の中の実行機能系と報酬系の神経回路の機能不全が大きくかかわっています。これらは，**神経伝達物質**がうまくはたらかないためにおきると考えられています。

ドーパミンなどですね。

ええ。
神経伝達物質は，脳のなかにある別の神経細胞の受容体に結合することで，その情報をはじめて伝えることができます。このとき，受容体と結合しなかった神経伝達物質は，「再取りこみ口」から神経細胞に取りこまれて再利用されます。

ところが，ADHDの人の脳のなかでは遺伝的に実行機能系の神経伝達物質であるノルアドレナリンと報酬系の神経伝達物質であるドーパミンが過剰に再取りこみされやすいとされています。

ということは，相手に伝わるアドレナリンやドーパミンが少なくなっている，ということでしょうか？

はい，その通りです。
再取りこみなどによって，神経伝達物質が少なくなるので，情報が神経細胞に伝わりづらくなり，機能不全をおこすと考えられているのです。

では，ADHDの治療薬はどうやってその状況を改善するのでしょうか？

ADHDの治療薬は，再取りこみ口の入り口にくっついて，神経伝達物質の再取りこみをブロックします。その結果，ノルアドレナリンやドーパミンの量がふえ，情報伝達を改善され，自分の力で行動を調整できるようになるというわけです。

すごい！

ただし！
ADHDの治療薬は，一定の効果が認められているものの，完全に治療できるものではありません。

1. 神経伝達物質が少ないシナプス

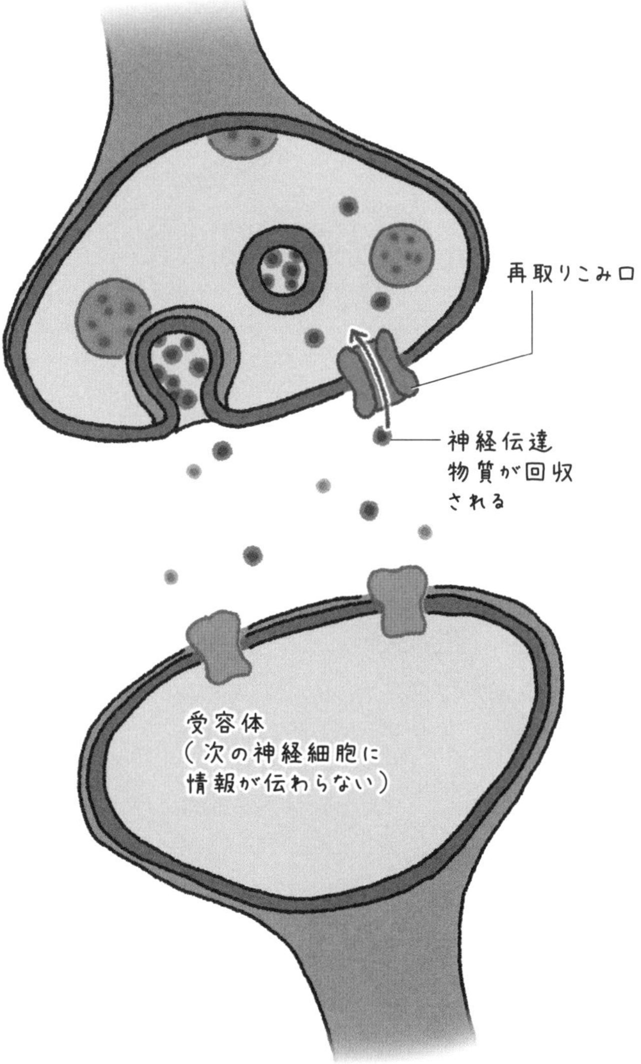

2. 治療薬を服用した際のシナプス

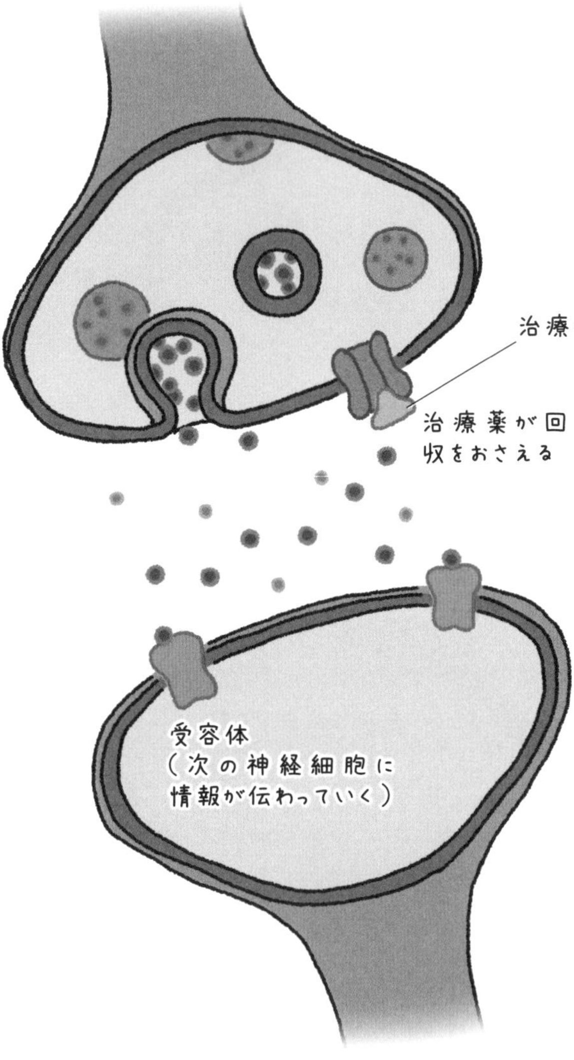

ほかの発達障害と同じようにADHDの治療目標は，症状をなくすことではなく，行動の特性と折り合いをつけて生活することになります。治療薬はそのための補助として用いることが推奨されています。

ダ・ヴィンチもモーツァルトもADHDだった!?

発達障害の特性をもっている人は，天才的な能力を発揮する人が多いといわれています。
歴史的な偉人の脳を直接，調べることはできませんが，能力やその行動特性を調べてみると，発達障害の症状があらわれていることも少なくないようです。

ほぉ。サヴァン症候群はASDの人に多い，というお話がありましたけど，ADHDにも天才がいるのでしょうか？

たとえば，イギリスのキングス・カレッジ・ロンドンのマルコ・カタニ博士らの研究グループは2019年に，**レオナルド・ダ・ヴィンチ**がADHDであった可能性があるという説を紹介しています。カタニ博士はADHDや自閉症の治療の専門家でもあります。

へぇー，ダ・ヴィンチがねぇ。
どのような研究だったんでしょうか？

研究では，専門的な見地から，ダ・ヴィンチの仕事の進め方や行動に関する歴史的な記述を詳細に分析し，その成果をまとめました。ダ・ヴィンチがいつも物事を先延ばしにしがちだったのにもかかわらず，異例の業績を残すことができたのは，ADHDが要因だったという結論に至っています。

ダ・ヴィンチにはどのようなADHDの特徴が見られたのでしょうか？

歴史的な偉業が示しているように，ダ・ヴィンチは発想も豊かで，大規模なプロジェクトや企画を立てるのにぼう大な時間を費やしていました。しかし，その一方で集中力や忍耐力に欠けていたことが行動の記録からわかってきたのです。たとえば，ダ・ヴィンチが課題を完成させられなかったのは，子どもの頃からだったという記録が残っています。彼はあるプロジェクトを終わらせる前に別のプロジェクトに手をつけてしまうなど，いつも落ち着きがないというのが特徴でした。そして，夢中になると短時間の昼寝をする以外は，ほぼ24時間にわたって，作業をつづけていたといわれています。

ADHDに見られる特性がいろいろな記録で見られたんですね。

ええ。
さらに，ダ・ヴィンチは，読み書きが苦手な学習障害（LD）を抱えていたのではないかともいわれています。
その行動特性から判断すると，本来，脳の左に位置するはずの言語をつかさどる脳の領域が，右に位置していた可能性も考えられています。
このダ・ヴィンチの特徴は，ADHDの症状をもっている人で高い頻度であらわれる症状だとも考えられています。

ADHDだけでなく，LDも……。
ダ・ヴィンチほどの天才がLDを抱えていたなんて，とても意外ですね。

ダ・ヴィンチの気質や常人には予測できない発想力の一端に，発達障害がかかわっていたのかもしれませんね。

ほかにも発達障害の可能性があった偉人はいますか？

オーストリアの天才音楽家の**ヴォルフガング・アマデウス・モーツァルト**（1756〜1791）も，ADHDだったといわれています。

へぇ～，あの美しい音楽にはADHDが関わっていたかもしれないんですね。

ええ。モーツァルトは，音楽のレッスン中に急に飛び上がって机を飛びこえたり，ネコの鳴きまねをしてとんぼ返りをしたりする，落ち着きのない子どもだったようです。

ふむふむ。

成長してからは，賭博で散財して，借金を重ねました。ADHDの人は依存症になりやすい傾向がありますから，これらのことから，モーツァルトはADHDだったのではないかと考えられています。

STEP 3

学習に困難が生じる学習障害（LD）

「読み」「書き」「計算」など，基本的な学習の一部に困難をきたす「学習障害（LD)」。LD は，本人の勉強不足とみなされ，つらい思いをすることもあるため，正しい理解が必要です。

LD は授業についていくのが大変

ここからのテーマはLD（学習障害）です。

LDはどういう発達障害ですか？

LDは，読み・書き・計算といった，基本的な学習の習得がうまくいかない発達障害です。

知能の発達に異常があるのでしょうか？

いえ，LDのある子どもには，全般的な知的発達の遅れはみられません。幼児のときは日常生活にさほど支障がないことも多いのですが，小学校に上がった頃から，聞く，話す，読む，書く，計算する，数学的推論をするという学習の基盤となる技能が身につかず，授業についていくのがむずかしくなっていきます。

そのどれもがうまく習得できないのですか？

いいえ，これらの六つの学習のすべてに困難があるのではなく，**一部の学習だけ**が劣っているという特徴があります。
そのためLDは，学習の困難さの特徴によって，さらに**読字障害**，**書字障害**，**算数障害**の三つに分類されます。

A. 読字障害

B. 書字障害

C. 算数障害

私もあまり勉強は得意なほうではありませんでしたが，単に文字を読んだり話をしたりするトレーニングが足りないだけ，ということではないのでしょうか？

とんでもありません！

決して本人の勉強不足や努力不足ではありません！
発症のしくみはよくわかっていませんが，脳の発達のしかたが普通の人と少しことなることで，得意なことと不得意なことにかたよりが生じ，その不得意なことがLDとなってあらわれると考えられています。

LDのことをよく知っていないと，私のように「勉強不足なの？」と思ってしまう人も少なくないかもしれませんね。

まさにその通りです。LDの場合，本人には責任がないにも関わらず，努力不足などと思われつらい思いをすることが少なくありません。

LDはとくに早期発見と早期支援が大切です。

ポイント！

LD（学習障害）

「聞く」「話す」「読む」「書く」「計算する」「数学的推論をする」といった技能のいずれかの習得が極端に困難な発達障害。

本人の努力不足と思われることも多く，早期発見と早期支援が重要。

クラスに1～2人はLD

LDの人はどれくらいいるのでしょうか？

文部科学省が全国の小・中学校の教師を対象に行った2012年の調査によると，知的発達には遅れがないものの，学習面で著しい困難を示すとされた児童・生徒の割合は，**4.5％**でした。当時の小・中学生の約1000万人中，45万人ほどが学習に苦労していることになります。

けっこうな数の児童・生徒が苦労しているんですね。

ええ。40人学級だと，1クラスあたりLDの子どもが**1～2人**いる計算になります。男子のほうが女子よりも**約2倍**多い傾向にあります。

LDも男子のほうが多いんですね。ASD，ADHD，そしてLDか……。

実はLDの子どもは，ASDやADHDをあわせもつことも少なくありません。
特に，LDとADHDは密接に関係し合っています。症状が似ている部分もあるため，鑑別がむずかしいケースや，両者を合併しているケースも見られます。

そういえば，レオナルド・ダ・ヴィンチもADHDとLDをあわせもっていた可能性があるということでしたね。ADHDとLDが合併していると，より苦労が大きくなりそうですね。

そうですね。
ADHDによる不注意の症状が，学習において多くのケアレスミスを招き，読み書きや計算の力をさらに阻害してしまう場合もあります。

どれくらいの子どもが併発していると考えられるのですか？

2012年の文部科学省の調査によると，発達障害の可能性のある小中学生の割合は，6.5％でした。
さらに，LDの可能性のある小中学生の割合は4.5％です。そしてLDとADHDをあわせもつ可能性のある小中学生の割合は，1.5％でした。LDの可能性のある小中学生のうち，約3人に1人が，ADHDをあわせもつ可能性があるということになります。

（出典：通常の学級に在籍する発達障害の可能性のある特別な教育的支援を必要とする児童生徒に関する調査，文部科学省，2012）

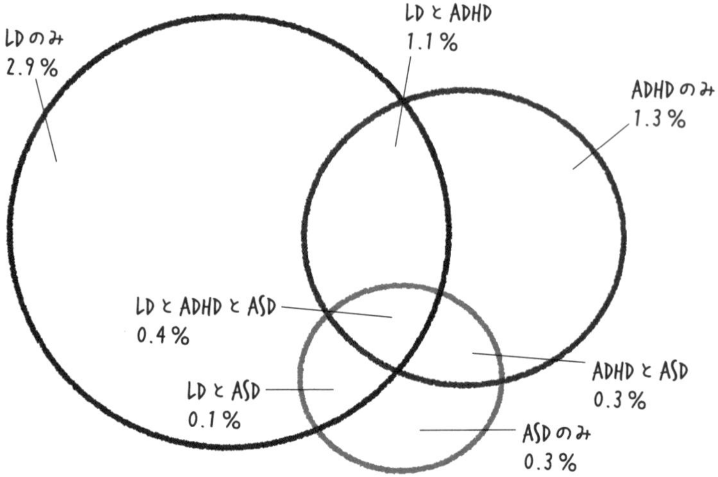
LDのみ
2.9％
LDとADHD
1.1％
ADHDのみ
1.3％
LDとADHDとASD
0.4％
ADHDとASD
0.3％
LDとASD
0.1％
ASDのみ
0.3％

文章を読むのが苦手な読字障害

LDでみられる「読字障害」「書字障害」「算数障害」のうち，最も多くみられるのは，**読字障害（ディスレクシア）**です。

読字障害の子どもにはどういう特徴が見られるのでしょうか？

読字障害の子どもには，「形の似た『わ』と『ね』，『シ』と『ツ』などを読みまちがえる」，「読んでいるところを確認するように指でおさえながら読む」，「文章を読んでいる途中でどこを読んでいたかわからなくなる」，「読み飛ばしたり文末を適当に変えて読んだりする」，「読むのに時間がかかる」といった特徴が見られます。

その名の通り文章を読むのが苦手なわけですね。
とすると，書字障害は文字を書くのが苦手なわけですか？

はい，その通りです。
書字障害（ディスグラフィア）も言葉に関する障害で，「文字が正しく書けない」，「文字を書き写せない」といったことが見られます。

具体的にまちがえがちな文字などはあるんですか？

「『は』を『わ』，『を』を『お』と書きまちがえる」，「『め』と『ぬ』，『雪』と『雷』のように形の似ている文字の書き分けをまちがえる」，「左右が反転した鏡文字を書いてしまう」，「筆順のまちがいが多い」，「文字の形や大きさがバラバラになったりマス目からはみだしたりする」といった傾向があります。
読むことが困難だと書くことも困難になることが多く，両者が並存した**読み書き障害**がおきる例も少なくありません。

読み書きの両方が困難になってしまうわけですか……。
なぜおきるのかわかっているのでしょうか？

読み書き障害の主な原因は，**音韻認識**の能力の低さです。

おんいんにんしき？

音韻認識とは**音の構造を認識**することです。
音韻認識が弱いと，まず，ひらがなの読み書きにつまずき，さらに「れいぞうこ」と「でーぞーこ」といったような，似た音の区別ができなくなります。
また，「単語や文章（文字）を見たときに，それが頭の中で正しい音に変換されずに正しい読み方がわからず，憶測で読もうとしたり，記憶をたどって読もうとしたりする」，「聞いた単語や文章（音）が頭の中で文字列に正しく変換されないために，書きまちがえる」といったこともおきたりします。

読み書き障害は，音を認識する能力に原因がありそうなのですね。

ただし，読み書きの障害があっても，頭の中では言葉とその意味はつながっており，「言葉」の理解ができないわけではありません。

数をあつかう処理が苦手な算数障害

LDの三つのタイプのうち，最後の算数障害というのはどういうものなんでしょうか？

算数障害は，計算などの数をあつかう処理に困難が生じるものです。
数処理，**数概念**，**計算**，**数学的推論**の，四つの基準をもとに判断されます。

数処理？　数概念？
それぞれどういうことなんでしょうか？

まず，**数処理**とは，数詞（数の言葉），数字，具体物の対応関係の理解を指します。たとえば，5の読み方は「ご」で，これを数詞といいます。書き方は「5」で，これが数字です。

ふむふむ。

数処理には，この数詞（ご）と数字（5）と具体的にある物（リンゴ5つなど）の三者を結びつける必要があります。これができないと，数字は書けるものの正しく読めなかったり，「リンゴを5個もってきて」といわれたときに正しい数を取れなかったりといったことがおきます。

数詞と数字，具体的にある物をうまく対応させることができるかどうか，ということですね。

はい，そうです。
次に**数概念**とは，数の量的な概念（基数性）と数の順序（序数性）の理解を指します。基数性がわからないと，「数の大小関係」が理解できず，序数性がわからないと，「自分が列の何番目にいるかを答えられない」といったことがおきます。

数の大小や順序がわからない……。

次に**計算**については，暗算と筆算に分けて考えます。まず**暗算**では「和が20までの数のたし算・ひき算，九九の範囲のかけ算・わり算を，指を使ったりせずに即座に答えることができるか」がポイントになります。

筆算の方は？

筆算では，「くり上がり・くり下がりなどの計算の手つづきができるか」「数字を空間的にきちんと配置できるか」，といったことが重視されます。

基本的な暗算や筆算ができるかどうかということですね。

ええ。さて最後の**数学的推論**は，文章題を解くなど，具体的な場面などで**数の操作**ができることをいいます。

設問の文章を読んで具体的な場面を思い浮かべ，式を立てて計算し，正しい答えを導けるかが問われます。

算数障害の子どもはこれらすべてができないのでしょうか？

いいえ，算数障害の子どもはすべてできないわけではなく，かたよりがあります。
たとえば，「数の順番はわかるが，量としての数がイメージできない」，「暗算はできるが，筆算はできない」といったように，部分的に，数や計算や推論ができない場合に，算数障害と判断されます。

算数障害は，どういうケースが多いですか？

よく見られるのは，「数の量感はわかっても，筆算の手つづきが混乱してしまう」，反対に「計算は手つづきとしてはできるが，数字が示す量感がわからない」パターンです。

それぞれ具体的にはどういうことでしょうか？

たとえば前者の場合は，200と500のどちらが大きいかはわかるものの，「右辺を左辺に移動し，マイナスの解を得る」というように，計算の手つづきが複雑になった際に途中で手順をまちがえてしまいます。
後者の場合は，例えば，0，10，20の目盛りがあったときに，「目盛りがない10と20の真ん中は15を表す」ということが理解できず，「10の次なので11」などと答えてしまいます。

LDは本人の努力や親に原因があるわけではない

先生，LDの原因って何なんでしょうか？
本人の努力不足ではない，ということでしたが……。

LDは，**先天的な脳機能の問題**であり，原因は親の育て方や子ども自身の努力不足ではなく，本人や親にはなんの責任もありません！

遺伝的なものなのでしょうか？

遺伝的要因があるとされてはいるものの，原因となる特定の遺伝子が見つかっているわけではありません。
一つの遺伝子に重大な機能異常があるというのではなく，複数の遺伝子の軽微な異常が複雑に影響し合っているのではないかと考えられています。

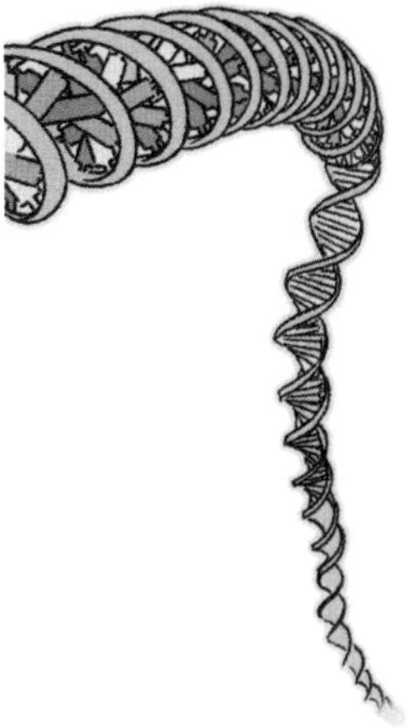

遺伝子は特定できていなくて，原因は複雑なんですね。

ええ。
ですから，「親がLDだから，その子どもも必ずLDになる」といった単純なことではありません。逆に，両親がLDでなくても，子どもがLDを発症する可能性もあります。

LDの人の脳では何がおきているのでしょうか？

読んだり書いたりするときの脳内の**情報伝達・処理のルート**のうち，どこかの過程で問題が発生し，その結果，特定の分野の学習が困難になると考えられています。

読んだり書いたりするとき，情報はどのようなルートで伝達・処理されるんでしょうか？

「読む」と「書く」とでは，脳内での情報伝達・処理ルートがことなります。
まず，**文字を読む場合**，子どもはまず文字を見てから音声にします。**つまり，目から入力された視覚情報が脳内で音声情報へと変換され，その後に口から音声として出力されるわけです。**

文字を読むときには，目から入った情報が，脳で音声へと変換されて，口から出てくるわけですね。
では，書く方はどうなんでしょうか？

書く場合には，「文字を聞いて書く」，「文字を見て書き写す」，「作文などを書く」という**三つのルート**が存在します。
まず，「聞いて書く」では，耳から入力された聴覚情報が脳内で視覚情報へ変換され，その視覚情報がさらに運動情報へ変換されて運動（手で書く）として出力されます。

聴覚情報→視覚情報→運動情報と変換されていくわけですね。

「書き写す」では，目からの視覚情報が脳内で運動情報へ変換され，運動として出力されます。
「作文などを書く」では，考えたこと（頭の中でつぶやいたり文字を思い浮かべたりしたもの）が，運動情報に変換され，やはり運動として出力されます。

なるほど。それぞれで情報の変換のされ方がちがうんですね。

こうした脳の情報伝達や情報処理のルートは，学習の内容によって複数あります。いずれかのルートで問題が発生すると，その分野の学習が際立って困難になり，それがLDとしてあらわれると考えられています。

具体的にLDと関係している脳の領域はわかっているんでしょうか？

2013年に，読み書きの障害がある日本人の子どもの脳は，**音韻処理**をするときに，脳の二つの場所で普通の人の脳とはことなる活動をすることが明らかにされました。

音韻処理って先ほど出てきましたね。
音の構造を認識する能力だって。

そうです。
ことなる活動が見つかったのは，**大脳基底核**と**左側頭葉**という領域です。
読み書きの障害がある日本人の子どもの脳は，大脳基底核が常に活動していました。一方で，左側頭葉の活動は低下していました。

それらの領域では，なぜ活動が異常になっているんですか？

左側頭葉の活動が低下していた理由は，**神経細胞の配置**が原因なのではないかと考えられています。
読み書きの障害がある大人の脳を検死解剖したところ，左側頭葉の神経細胞が無秩序に堆積したり，異常な形をしたりしていることが報告されています。

神経細胞の配置ですか……。
原因や，それを改善する方法が明らかになるとよいですね。

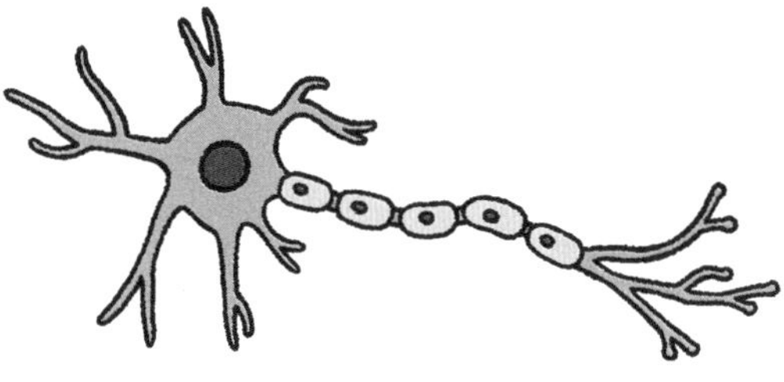

LDは早期発見が重要

LDは早期に発見し，早いうちから支援に結びつけるのが重要です。

小さいころにLDだと判断するのってむずかしそうです。どういう特徴が見られるとLDなんでしょうか？

たとえば，幼児期のLD児は，「たんぽぽ」を「たんぽこ」といったりする音韻のまちがえや，「しりとり」ができないといったことがよくみられます。

でも，うまくしゃべれない幼児期の子どもは多い気がするんですけど……。

たしかにそうですね。幼児期は発達の個人差が大きいので，早計な判断は禁物です。
でも，小学生になっても，「きゃべつ」「きって」「おかあさん」などの**特殊音節**が習得できないといった場合には，**読み書き障害**の可能性が高いといえます。
実際，LDの多くの例が，小学校入学後に診断されています。

特殊音節？

小さい「つ，や，ゆ，よ」が入る言葉の音節や延ばす音節などのことです。

なるほど。
算数障害については，どうですか？

知的能力を測定しないとわからない場合もあるのですが，「3＋5＝8」などの暗算ができない，遅い，いつまでも指を使って数えている，といった場合は，気をつけてみていく必要があるといえます。

暗算ですか……。私も苦手だなぁ。

筆算が必要ない範囲のたし算とひき算は小学校1年生までに，九九の範囲のかけ算とわり算は3年生までに学習します。
これらの学習にいつまでも時間がかかる場合には，注意したほうがよいでしょう。

一桁の計算なら，まぁ私でもできるかな。

当たり前にできそうなのに，なぜできないのだろうか，と保護者が疑問をもつ場合は，LDを疑ってみてもよいかもしれません。
さらに，中・高校生になると，多くの例で，全般的な学習の困難さが目立つようになります。
ただし，よく観察すると，できることとできないことが分かれています。

苦手なことがかたよっているのがLDの特徴でしたね。

はい。**何らかの一部の能力**が極端に低い場合には，単なる怠けや得意・不得意の問題だと判断せずに，LDの可能性を考える必要があるでしょう。
たとえば，**英語の学習**がはじまると，国語にはあまり不自由しなかったのに，英語の単語が読めない，書けないといった問題が出ることもあります。

自分の子どもがLDかもしれないと思ったら

もし自分の子どもが「もしかしたら，うちの子はLDかもしれない」と思った場合は，どうすればいいでしょうか？
私にはまだ子どもはいませんが，知っておきたいです！

まず**学級担任**や**特別支援教育コーディネーター**に指名されている教員に相談し，子どもの学校や家でのようすについてよく話し合うことが重要です。

学校にはサポートするしくみがちゃんとあるのでしょうか？

ええ。2007年以降，学校教育法の中に**特別支援教育**が位置づけられて，障害のある子どもの支援が充実し，学習に困難を抱える子どもを学校全体でサポートするしくみが整えられています。
LDの可能性があると思われる子どもがいる場合，担任は**校内委員会**に報告することになっています。

校内委員会？

校内委員会とは特別支援教育コーディネーター，学年主任，養護教諭などから構成される組織で，その子どもの指導のしかたなどについて検討し，担任をサポートする機能をにないます。

ふむふむ。
まずは，学校の先生に相談ですね。

もちろん**医師**に相談するのも重要です。
LDかどうかの診断を下すのは，小児神経科医などの医師ですから。

診断はどうやってなされるのでしょうか？

診断の際には，言語聴覚士や心理師などによる心理検査（知能検査，発達検査など），表現や行動の検査，知的障害や精神疾患がないか，ADHDなどほかの発達障害があるかどうか，といったように多岐にわたる検査が行われ，総合的に評価されます。

ふむふむ。

認知能力のどの部分にかたよりがあるか，どんな特徴があるかなどを調べる心理検査からは，その後の指導に欠かせない重要な情報が得られるはずです。

LDと判断された場合，学校ではどのようなサポートが行われるのでしょうか？

LDと判断された子ども，あるいはLDと判断されなくても学習に困っていることが確認された子どもは，個別や小集団で指導が受けられる**通級指導教室**でサポートを受けることができます。
このような子どもたちは通常学級に籍をおき，学校生活のほとんどは通常学級ですごしますが，週に数時間だけ通級指導教室へ通います。

通級指導教室というのはすべての学校にあるのですか？

在籍校に通級指導教室がない場合には，近隣校を利用することもあります。
通級指導教室では，**専門知識を身につけた教員**が子ども一人一人の障害に合わせた指導を行っています。

LDの知識をもつ信頼できる教員がサポートしてくれるわけですね！
学校でつらい思いをする前に，早いうちにサポートを受けるのがとても重要ですね。

「知的障害」や「境界知能」はLDとはちがう

先生，発達障害であるLDとは別に，知的障害というものもありますよね？

そうですね。LDではなくても，知的能力に障害があるために学習やコミュニケーションで問題を抱える子どももいます。
知的発達は，知的能力と適応機能（日常生活や社会生活を営む能力）を総合して判断されます。知的能力に障害がある**知的障害**と判断される目安は，およそ**IQ69以下**でLDとは区別されています。

知的障害の子どもはどれくらいいるのでしょうか？

知的障害の子どもは全体の**約２％**とされています。
知的障害の特別支援学校や，小・中学校に併設される知的障害特別支援学級など，比較的少人数で学べる場が用意されています。

ふむふむ。

それから，**IQ70 〜 84**程度の**境界知能**の子どもたちもいます。境界知能の子どもは全体の**約14％**（40人学級で5〜6人）を占め，学習だけでなく，運動，コミュニケーション，感情のコントロールなどが全般的に苦手という問題を抱えています。ただし，このようなIQで見る知的障害，境界知能の境目はなだらかであり，明確に分けられるものではありません。

LDの子どものIQはもっと高いということなんでしょうか？

ええ。たとえば，LDでみられる算数障害では，IQの値が，境界知能よりも高い**85 〜 90程度以上**とされています。
読み書き障害についても，研究論文での定義は**IQ85以上**とされるのが一般的です。

そこは区別されているんですね。
LDにしても，知的障害にしてもちゃんとしたサポートが必要ですよね。

そうですね。現在，知的障害は**知的障害者福祉法**，発達障害は**発達障害者支援法**によって支援が行われています。しかし，境界知能の子どもたちについては，気づかれないことが多いのが現状です。

境界知能の子どもも，学校が嫌になり，問題行動につながることも少なくありません。大人になっても，社会参加しにくいなどの問題も抱えがちです。支援の体制づくりが急務といえるでしょう。

「できること」をほめて伸ばそう！

LDの子どもにはどういう教育をするのがよいのでしょうか？

一般的に，長所と短所がある場合，その指導には「できないことをくり返し訓練する短所改善型指導」と，「長所を使いながら短所をカバーする長所活用型指導」があります。
LDの子どもには**長所活用型指導**が有効とされています。

ほうほう。長所を伸ばすようにする，ということですね。具体的にどうすればいいんでしょうか？

LDの子どもには，**継次処理**が得意な子どもと**同時処理**が得意な子どもがいます。

継次処理と同時処理？

継次処理というのは，一つずつ順を追って情報を処理することです。一方同時処理は，複数の情報をその関連性に着目して全体的に処理することです。

どちらが得意かで，効果的な教え方がちがうんでしょうか？

はい。
継次処理が強い子どもには，「段階的な教え方」「順序性の重視」「部分から全体へ」などのアプローチが有効です。
一方，同時型処理が強い子どもには，「全体をふまえた教え方」「関連性の重視」「全体から部分へ」などのアプローチが効果的です。
大事なのは，できないことを苦手な方法でくり返し練習させない，ということです。

ほう。

とくに算数のように答えが明確だと「できるか，できないか」が問われ，できなければ「バツ」と評価されてしまいます。この時，できないからといって，算数障害の子どもに，くり返し計算問題を解くようなドリル形式の学習をさせても，問題は解決しません。

じゃあ，どうすればいいんでしょうか？

算数障害の子どもに対しては，生活の中で数を使った経験をすることが重要になります。「アメを2個もらうより，5個もらうほうがうれしかった」，「友だちはカブトムシを3匹捕まえたのに，僕は1匹しか捕まえられなくてくやしかった」など，**本人の喜びや悲しみなどの情動に結びつけた経験が，数と量の感覚を育てることにつながるからです。**ほかにも，お風呂で，お湯につかって50まで数えるなども有効でしょう。

楽しみながら数や量の感覚を育んでいくわけですね。

ええ。
LDの子どもは勉強が苦手ですが，全くできないのではなく，**ちがうやり方が必要になる**といえるでしょう。
何よりも重要なのは，周囲の人がその人の特性を正しく理解することと，LDの子どもが自分の特性を生かし，自信をもって生きていけるように支援することです。

3

時間目

発達障害と心の病

STEP 1

発達障害の人が抱えやすい合併症

発達障害の人は，ほかの精神障害の症状を併発することが多くあります。ここでは，発達障害の症状をもつ人におこりやすいとされる「心の病」について見ていきましょう。

自分の特性を理解して，心の病を防ごう

発達障害の人は，自分が他者と上手にコミュニケーションがとれているかを客観的に判断するのが苦手なため，発達障害に気がつかないまま大人になることも少なくありません。

大人の発達障害ですね。
たしか昇進や異動など環境の変化がきっかけとなって気づくケースも多いんでしたよね。

そうです。
また，大人の発達障害は，**うつ病**や**不安症**，**依存症**などの**合併症**が発覚してから，その症状の根本的な原因を調べていく過程で発見されることがあるんです。
発達障害の症状をもちながら，ほかの心の病を抱えることを**二次障害**といいます。

発達障害の人は二次障害を抱えやすいんですか？

はい。

精神科医のロナルド・ケスラーらが調査した2006年のアメリカの成人調査では，注意欠如多動症（ADHD）の症状をもつ人は，**気分障害**（大うつ病性障害〔18.6%〕，気分変調〔12.8%〕，双極性障害〔19.4%〕）や，**依存症**（15.2%），**不安症**（47.1%，なかでも社交恐怖は29.3%）などの症状を併せもっていることがわかっています。

不安症，とくに社交恐怖が多いんですね。
発達障害だけでも生活に困難が生じるのに，さらに二次障害だなんて……。
発達障害の人は，なぜ二次障害を抱えやすいんでしょうか？

発達障害の症状をもっていると，他者とのコミュニケーションがうまくいかず集団生活になじめなかったり，知能の遅れや複数の作業を同時に行うマルチタスクが苦手なことなどで失敗をくり返し，自信を失い引きこもりがちになったりします。
こうして社会的に孤立することで，不安が強まり，ますます症状が悪化する悪循環におちいってしまうことも少なくありません。この悪循環がつづくことにより，さまざまな二次障害が引きおこされることがあるようです。

発達障害が原因で，社会的に孤立することが二次障害を引きおこすことがあるんですね。
たしかに，孤独感や失敗がつづくと，自信がなくなりますよね。私もコロナで外出できなかった時期や，仕事でミスがつづいたときは，すごく落ち込みましたもん。

二次障害を防ぐ方法は，ないのでしょうか？

まず発達障害の特性をもった人たちが孤立するような状況をつくらないようにすることが大切です。
そのためには，まず発達障害をもつ本人が，自分の特性をよく理解することが重要になります。

自分の特性を理解？

発達障害の症状の出方は人それぞれで，能力のかたよりによって，どの特性が強く出るかが異なってきます。

特性によって対策も異なるので，自分の特性を理解しなければ，不適切な対策を取ってしまう可能性があるんです。

なるほど。

また本人だけでなく，周囲の人も同様に，その人の特性を理解することが大切です。
特性にあった対応をしなければ，かえって孤立を深めてしまうことにつながります。やはり**周囲の理解と協力**は不可欠になりますね。

ポイント！

発達障害の二次障害

発達障害の人は，気分障害や不安症，依存症などの二次障害を抱えやすい。
自分の特性を理解することや，周囲の理解・協力によって孤立を防ぐことが大切。

ほとんどのASDは合併症をともなっている

ASD（自閉スペクトラム症）は，スペクトラムという名が示す通り，症状の境目があいまいです。その上，ほかの発達障害の症状もあわせもっている場合が少なくありません。ASDの人は，とくにその傾向が強いと思われます。

スペクトラムって，「連続している」って意味でしたよね。ASDの人のうち，どれくらいが合併症に苦しんでいるのでしょうか？

弘前大学の研究チームが行った**ASDの合併症**についての調査では，ASDの人の**88.5%**が，少なくとも1つのほかの発達障害を併発していました。またASDの症状があらわれている子どもの**50.6%**が，**注意欠如多動症（ADHD）**の症状をあわせもっていたそうです。

えっ！
9割弱のASDの人が，ほかの発達障害も発症しているんですか。

はい。ほかにもASDの人の**63.2％**に全身運動や手先の操作が苦手な症状が見られる**発達性協調運動症（DCD）**，**36.8％**に**知的発達症（ID）**，そして**20.7％**に話す言葉やことばの理解，形を認識する力に苦手な症状が見られる**境界知能（BIF）**をあわせもつという結果が得られました。

さまざまな症状を併発する可能性があるんですね……。

ASDの症状をもつ人は，会話でのやりとりや他者の気持ちを推し量るのが苦手で，人とのコミュニケーションがうまくできません。
そのため学校では，ほかの子どもたちと一緒に学習することに支障が出てきます。空気が読めないなどの理由から，仲間外れにされたり，いじめの対象にされたりすることもあるでしょう。
とくにASDの子どもは**不安**を感じることが多く，二次的な障害が生まれやすいとされています。

つらい体験から，ほかの症状が誘発されてしまうってことか……。

ええ。
ASDの症状をもつ人のそのほかの二次障害は，怒りや葛藤，ひきこもり，対人恐怖，強迫症状（手洗い強迫など）などの**内在化障害**から，強烈な反抗や暴力，家出や放浪，反社会的な犯罪行為といった**外在化障害**まで，さまざまなものがあります。

暴力や犯罪行為まで……！
二次障害を悪化させないためには，どうすればいいんでしょうか？

不安症などの二次的な障害が生じている場合には，**できるだけ早期に医療機関での診断や支援機関などの支援を受ける必要があります。**
そのままにしていると，強い憂鬱感や絶望感や対人不信から自傷行為を引きおこしたり，ますます集団生活に馴染めなくなったりして，社会生活に影響が出てしまうおそれがあるんです。

早めに病院へ行くこと，支援を受けることが大切なんですね。

発達障害と不安・うつ病

ASDの人が併発しやすい病気があるということは，ADHDの人がかかりやすい病気もあるのでしょうか？

はい。ADHDの人は脳内の**報酬系**の活性が低い傾向があります。
そのため要求が満たされ幸福を感じているような場合はよいのですが，要求が満たされないと不安を感じやすくなり，**不安症**を発症しやすくなります。
また，それらの不安が原因となり，**うつ病**を発症する場合もあります。

欲求が満たされないことから不安を感じやすくなり，うつ病にまで……。

さらにADHDの人は，**双極性障害**を発症しやすいこともわかっています。

そうきょくせいしょうがい？

双極性障害は，躁状態とうつ状態をくり返す障害です。

うつ病とはちがうんですか？

はい，双極性障害のうつ状態はうつ病と似ている面もありますが，両者は異なる疾患です。治療法もことなるので，正しい鑑別が重要です。

自己判断ではなく，病院に行って診てもらうのが大事だということですね。

さて，ここまで主に3タイプの発達障害について紹介しましたが，実はそのほかの発達障害もあります。ここで簡単にふれておきましょう。
まず，本人の意志と関係なく，突然体が動いてしまったり，発声してしまったりする**チック症**や，言葉が円滑に話せない**吃音症**なども発達障害に含まれます。

そうなんだ。
チックや吃音って，子どもに多いイメージがあるんですが……。

運動や発声を伴う一時的なチックは子どもによく見られ，多くの場合そのまま軽快します。しかし運動チックや音声チックが1年以上にわたり強く持続し，日常生活に支障が出るほどになると，**トゥレット症**とよばれるようになります。

トゥレット症は大人でも見られるんですか？

はい，小児期に発症して成人になると症状が改善することが多いのですが，中には成人以降も強い症状が持続するケースもみられます。
トゥレット症は，ストレスや家庭環境が原因と誤解されることがありますが，脳のはたらき方のちがいによっておこる**体質的な疾患**です。

なるほど。
トゥレット症もほかの発達障害や病気を併発しやすいんでしょうか？

はい。トゥレット症は別の発達障害や精神神経疾患と併存することが多く，トゥレット症の**50%**以上に**ADHDの併存**が認められたという報告もあります。

半分以上の人が併存！
それは多いですね。

発作をくりかえす「てんかん」も発達障害に多い

そのほか，発達障害と併発しやすい病気には**てんかん**があります。

てんかんって急に発作がおきる病気ですよね。

よくご存じですね。
てんかんは，突発的な発作をくり返す脳の病気です。
年齢，性別などに関係なく発病します。日本では**約100万人**程度の患者さんがいます。

そのてんかんを抱えている人は発達障害の人が多いということなんでしょうか？

はい。
18歳くらいまでの患者のてんかんを**小児てんかん**とよびます。小児てんかん患者は発達障害との関連が深く，てんかん児の**20％がASD，30％がADHD**をあわせもっていると報告されています。

かなり高い割合ですね……。

逆に発達障害の人がてんかんをあわせもっている割合も高く，**ASDの5～38％**（知的障害をともなう場合は，さらに約3倍併存率が高い），**ADHDの12～17％**にてんかんの併存が報告されています。
さらに，てんかんの発作に伴う**ストレス**が原因となって，うつ病や不安症などの精神疾患を併発するケースもあるんですよ。

てんかんと発達障害を併発しているケースは多いのですね。
そもそも，てんかんの発作ってなぜおきるのでしょうか？

てんかんの発作は，大脳の神経細胞に突然激しい電気的な興奮がおきることにより引きおこされます。
人により発生する場所はさまざまですが，発作によって生じる症状はほぼ一定で，同じ発作がくり返しおこるのが特徴です。
発作時は脳内の電流が乱れて異常な波（棘波）があらわれるため，脳波を測定することで，てんかんと診断されます。

発作がおきるとどのような症状が出るんですか？

発作時の症状は人によってことなり，**意識障害**を伴う場合もあれば，けいれんや手足の突っ張りなどの**運動機能の障害**，光や音が聞こえる**視覚や聴覚の異常**などさまざまです。

はげしい症状が引きおこされるんですね……。

てんかんに発達障害が併存したり，発達障害にてんかんが併存したりする場合は，それぞれ適した治療法がことなります。
そのため，慎重な診断と，適切な治療薬剤の選定を行う必要がありますね。

発達障害とてんかんを併発している場合は，より慎重な治療が求められるわけですね。

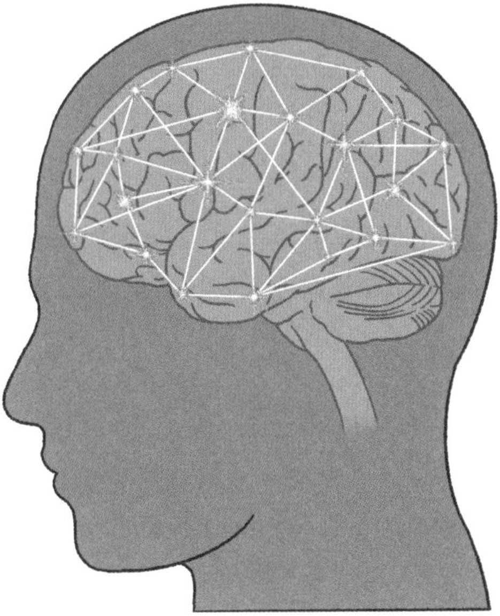

発達障害の人には睡眠障害がおこりやすい

もう一つ，発達障害にともなう合併症をご紹介します。
それは睡眠障害です。

睡眠障害!?

睡眠障害とは，睡眠のメカニズムがストレスや不安，生活リズムの乱れなどの影響で狂ってしまうことをいいます。
具体的には，眠れない（不眠），眠くて仕方ない（過眠），眠気と生活リズムが一致しない（概日リズム睡眠―覚醒障害群），ねぼけ・夜尿・歯ぎしり・悪夢などが生じる（睡眠時随伴症群）といった症状が現れます。

睡眠障害の種類

不眠症	いわゆる「眠れない」のが不眠症の特徴ですが，「寝入ることが難しい（入眠時不眠）」のか，「夜中に何度も目を覚ます（睡眠維持不眠）」のか，「早朝に目覚めてふたたび眠ることができない（後期不眠）」のかによって，さらにタイプが分かれます。不眠障害は，ほかの睡眠障害とくらべて最も有病率が高く，入眠時不眠は若年者に，睡眠維持不眠は中高年者に多い傾向があります。
過眠症	睡眠不足でないにもかかわらず，長時間眠ってしまったり，昼間の時間帯につい眠ってしまったり，睡眠から覚醒したあとの寝ぼけが生じたりします。長時間眠ったにもかかわらず，回復感がないのが特徴です。昼間の眠気のために受診する人の約5～10％が，過眠症と考えられています。
概日リズム睡眠—覚醒障害群	概日リズムとは，いわゆる体内時計のことです。概日リズム睡眠ー覚醒障害では，睡眠ー覚醒のスケジュールが体内時計とずれてしまいます。「時差ぼけがずっと続いているような状態」と表現すると，つらさを想像しやすいかもしれません。
睡眠時随伴症群	睡眠にともなって生じる諸症状を指します。睡眠中におきだしてうろうろと歩く，服を着替えるなど，さまざまな行動をとる睡眠時遊行症（夢遊病），睡眠中に突然おき上がり，絶叫したり，はげしく体を動かしたりなど，ひどいパニックをおこす睡眠時驚愕症（夜驚症），強い不安や恐怖をともなう夢を見る悪夢障害などがあります。

発達障害の人はどれくらい睡眠障害になりやすいんでしょうか？

普通に発達した子どもでは，睡眠障害がおこる割合は5〜9％で，**10人に1人**いるかいないか程度です。
それに対し，ADHD児では**2〜4人に1人**，ASD児では**2人に1人**以上が睡眠障害を抱えているという調査結果があります。

えっ!?
2人に1人って，めちゃくちゃ確率高くないですか。

はい。親からの「子どもが寝ない」「夜中に起きてしまう」といった悩み相談をきっかけに，子どもの発達障害が見つかるケースも少なくありません。

なぜ発達障害の子どもは睡眠障害を抱えやすいのでしょうか？

聴覚や視覚の感覚過敏，体内時計の問題，服薬の影響，また，うつなどを含む**発達障害の二次障害**などが主な原因といわれています。

うぅむ，いろんな要因が絡み合っていそうですね。
うまく眠れないのって，ほんとうにキツそう……。
どうにか改善する方法はないのでしょうか？

まずは生活のリズムを整えることを基本とし，それと並行して**高照度光療法器**という明るい光を出す機械や，**メラトニン**とよばれるホルモンを用い，**体内時計の同調を促す**治療などを行っていきます。

まずは生活リズムを整えて，同時に治療も進めていくんですね。

はい。睡眠は，私たちが健やかに生きるために欠かせないものであり，十分にとれない状況がつづけば，生活にも影響が生じます。

学業や仕事に支障をきたすほか，睡眠障害によって発達障害の症状が強く出るため昼間の問題行動が増え，それにより，さらに睡眠障害が悪化するという悪循環につながることも考えられます。
できるだけ早めに医療機関を受診し，適切な改善の方法を相談することが大切です。

なるほど。「眠れない」にしても「眠ってしまう」にしても，睡眠の問題が生じるのはつらいものですもんね。

「捨てられない・片付けられない」とADHDの関連

次に紹介する発達障害と関連する病気は，ためこみ症（Hoarding Disorder）です。

ためこみ症？　どういう病気ですか？

ため込み症とは「もったいない」「いつか使うかも」などの理由をつけ，日常生活に支障が出るほど物や動物を大量にためこんでしまう精神の病気です。
この病気は，ほかの精神疾患や発達障害と併存する割合が多く，うつ病や強迫症，ADHDなどの二次的な症状としても知られています。

そういえば，ADHDの人は片付けが苦手だという話もありましたね。さらに物を捨てられない，ためこみ症を併発すると，部屋はとても汚くなりそうですね。

そうですね。ADHDの人には，一つの作業に集中することがむずかしいという特性がありますから，物の整理や処分がうまくできないことが多いのです。
ためこみ症と診断された人のうち，3割近くがADHDという報告があります。

3割も……。
何歳くらいでためこみ症になることが多いんでしょうか？

発症年齢は，成人になるまでの若い時期が多いようです。オーストラリアの心理学者ジェシカ・グリシャムらが2006年に報告した調査では，**25歳以下**でためこみ症を発症した人が全体の**68.2%**を占めていました。
しかし若い時期に発症していても，ほとんどの未成年は自分で物を買うお金がなく，部屋の片付けも親がしてしまうことが多いため，気づかれにくい傾向にあります。
成人し，一人暮らしをしてから発覚する例が多いようです。

発症はしていても，発覚するのが遅い傾向にあるんですね。

はい。
また，ためこみ症の原因は，ほとんど明らかになっていません。

えっ！
わからないんですか？

可能性としては，生まれもった気質と，過去（とくに幼い時期）の体験や環境の両方が影響していると考えられます。

私の家も，物が多くて，かなり散らかっているのですが，ためこみ症じゃないかと心配になってきました。
自分でためこみ症かどうか気づく方法はないんでしょうか？

たとえば，ベッドの上にある物を片づけるかわりに，別の限られたスペースなどで睡眠をとるような場合には，ためこみ症の可能性があります。
自分や家族が気づきやすくする方法としては，**部屋を撮影した写真を客観的にながめることがおすすめですね。**

さすがにベッドの上は物を置かないようにしているので，おそらく私はものぐさなだけで，ためこみ症ではなさそうです。
客観的に見てみるというのはよい方法ですね。
ためこみ症は治療することはできるのでしょうか？

治療にあたっては，まず本人に「ためこみ行動を改善したい」という思いがなければ行うことができません。
もし身近に心配な人がいる場合は，「この人は病気のはずだ」と決めつけず，まずは医師やカウンセラーに相談してみてください。

STEP 2

発達障害の人が陥りやすい依存症

発達障害をもつ人は，不安の強さ，衝動性，のめりこみやすさなどのために「依存症」を併発することがあります。具体的にどのような症状があるのでしょうか。

ASD，ADHDは依存症になるリスクが高い

発達障害の人がさまざまな病気を併発しやすい，ということは前章でお話ししましたが，実は，併発しやすい病気がもう一つあります。それは**依存症**です。

依存症？
お酒やギャンブルをやめられなくなる，ということでしょうか？

依存症とは，アルコールや薬物などを摂取したり，ギャンブル，ゲームなどを行ったりすることを「やめたくても，やめられない状態」になることをいいます。
近年，脳との関係が明らかにされており，年齢や性別，社会的な立場にかかわらず**誰もがなりうる病**として注目されているんです。

やめたくてもやめられない……。

そういえば最近お酒や薬物への依存症をニュースでよく聞くような気がします。
依存症と発達障害は併発しやすいのですか？

はい。**ASDやADHDの人は，依存症になるリスクが高いといわれています。**

ASDの人は，コミュニケーションがうまくできなかったり，興味や活動がかたよったりする特徴があることはお話ししましたよね。興味のないことはやろうとしませんが，反対に興味をもつことはずっとやりつづけるため，依存症に陥りやすい傾向があるんです。

ハマりやすいってことか。

ええ。
またADHDの人は，**衝動的**に行動しやすい傾向があります。そのためすぐに手に取れ，飽きないしくみを持たせた**スマホゲーム**などへの，のめりこみやすさにつながりやすいのです。

なるほど。
ただでさえスマホゲームって，ついやりつづけてしまう中毒性がありますもんね。

精神科医のロナルド・ケスラー博士らが2006年に調査した「アメリカにおける成人のADHDの疾病率と相関関係」によると，成人のADHD患者の**15.2%**が何らかの**物質依存症**を抱えていることが明らかにされています[※1]。
また，**不安症**の人が**47.1％**もいることもわかっているんです。

約半分の人が不安症!?
それは多いですね……。

不安症が何かに頼りたいという気持ちを生み，依存症につながっていくということも少なくありません。

なるほど。

※1：Kessler et al., The prevalence and correlates of adult ADHD in the United States: Result from the national comorbidity survey replication. American Journal of Psychiatry, 164, 716-723, 2006

またアルコールや薬物，ギャンブル，ゲーム以外にも，身近にひそむ依存症はいくつもあります。
次のページに依存症の例をあげました。
病気として認定されているものもあれば，そうでないものもありますが，**やめられなくなり，生活に支障が出る**という点では，どれも同じといえますね。

仕事依存症なんてものもあるんだ……。
私はできるだけ仕事から距離をおきたい派なのに。

A. 市販薬・処方薬依存症

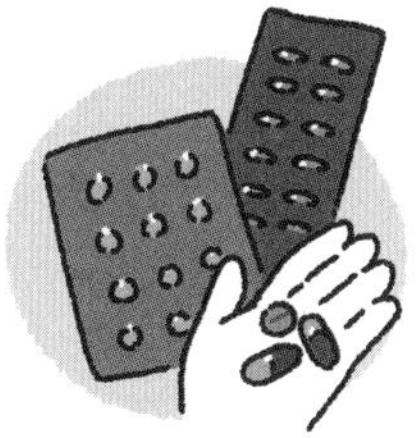

B. 買い物依存症

C. 恋愛依存症

D. ゲーム障害
（ゲーム依存症）

E. 窃盗依存症
（クレプトマニア）

F. 仕事依存症

G. インターネット依存症

たとえ生活に欠かせないことであっても，度を超すと依存症になる可能性があります。
ちなみに，物質を伴わない依存症は厳密には依存症とはよばず，**行動嗜癖**とよばれます。
ギャンブル依存なら**ギャンブル障害**（ギャンブル症，ギャンブル行動症），ゲーム依存なら**ゲーム障害**（ゲーム症，ゲーム行動症）などが正式な病名です。

ふむふむ。

発達障害をもつ人は，さまざまな生きにくさを感じています。しかし自身が発達障害であることに気づき，専門家に相談したり，助けを求めたりしている人は多くありません。
中には，日々の生きにくさを忘れて社会を生き抜くために，依存症を併発させてしまった人もいると思われます。

生きにくさを一時的にでも忘れられるから，ということか。むずかしい問題ですね。

ADHDと併発しやすい「ギャンブル依存症」

ここからは，それぞれの依存症と発達障害の関係についてお話しします。まずは**ギャンブル依存症**についてです。**ギャンブル依存症とは，賭けるという行為自体に快感を覚え，当たるかどうかにかかわらず賭けごとをつづけてしまう状態のことをいいます。**

当たるかどうかがポイントではないんですね！
私も宝くじを買うし，買うとわくわくしますけど，それは当たったら何しよう？　という未来を想像した上でのことなので，買いつづけること自体が楽しいとは思わないかも……。

そこが依存症とのちがいですね。
ギャンブル依存症は，とくにADHDとの関連が指摘されています。
海外のデータによると，医療機関を受診したギャンブル依存症の患者のうち，25％はADHDも併存していたそうです。

4分の1も……。

衝動的に行動しやすいADHDの特性ゆえに，イライラするなどして衝動的にギャンブルに走っているのかと思いきや，実は「ほんとうはやめたいけれど，気が付いたらパチンコ台の前に座っている。家族にも話せない」といった発言があることで，依存症であることがわかることも多いようです。

やめたいのにやめられない，というのはつらいですね。
でも，単にギャンブルが好きなだけなのか，それとも依存症にまで陥っているのか，判断するのはむずかしそうです。

病状が見えにくいため，**スクリーニング検査**が行われることがよくあります。

スクリーニング検査？

よく知られているのは，**SOGS**（サウスオークス・ギャンブリング・スクリーン）という，アメリカのサウスオークス財団がギャンブル依存症の診断のために開発した質問表です（224ページ）。
10数問の質問に答え，回答ごとの配点が計5点以上あれば，ギャンブル依存症の疑いがあると診断されます。

なるほど，これは役に立ちそう。

そうですね。しかしSOGSは設問数が多いことに加え，配点もやや複雑です。
そこで日本で開発された**LOST**というスクリーニング検査を用いる機会も増えています（225ページ）。
LOSTは4問の質問からなり，答え方も「はい」か「いいえ」の二択のみ。2つ以上当てはまったら，ギャンブル依存症が疑われるというシンプルなものです。

	設問	選択肢	点数
1	ギャンブルで負けたとき，負けた分を取り戻すために，またギャンブルをしたことがありますか。	全くそのようなことはない	0点
		時々そうした（負けた回数の半分はしていない）	0点
		負けた時は，たいていそうした	1点
		負けた時は，いつもそうした	1点
2	実際はギャンブルで負けたのに，勝っていると吹聴したことがありますか。	いいえ，一度もない（あるいはギャンブルをしたことがない）	0点
		はい，でも負けた回数の半分もない	1点
		はい，たいていそうだった	1点
3	自分には，賭けごとやギャンブルの問題があると思ったことがありますか。	いいえ	0点
		はい，過去にはあったが今はない	1点
		はい	1点
4	意図していた以上にギャンブルをしたことがありますか。	はい	1点
		いいえ	0点
5	あなたのギャンブルについてまわりの人から非難されたことがありますか。	はい	1点
		いいえ	0点
6	自分のギャンブルのやり方や，ギャンブルによって生じたことについて罪悪感を抱いたことがありますか？	はい	1点
		いいえ	0点
7	実際にはやめられないと分かっていても，ギャンブルをやめたいと思ったことはありますか。	はい	1点
		いいえ	0点
8	ギャンブルをしていることを配偶者や子ども，そのほかあなたにとって大事な人に知られないように，ギャンブルの券や宝くじ，賭博用の資金などを隠したことがありますか。	はい	1点
		いいえ	0点
9	お金の使い方について，同居している人と口論になったことがありますか。	はい	カウントせず
		いいえ	
10	上記が「はい」なら，そのお金に関する口論の原因が，主にあなたのギャンブルだったことがありますか？	はい	1点
		いいえ	0点
11	誰かからお金を借りたのに，ギャンブルのために返せなくなったことがありますか？	はい	1点
		いいえ	0点
12	ギャンブルのために，仕事や学業の時間を浪費したことがありますか？	はい	1点
		いいえ	0点
13	ギャンブルのためか，ギャンブルによる借金を返すためにお金を借りた経験がありますか。	はい	1点
		いいえ	0点
14	誰またはどこからお金を借りましたか。（当てはまるものを全て選択。点数も選択したもの全てを合計）	家計	1点
		配偶者	1点
		そのほかの親戚	1点
		銀行，ローン会社，信用組合	1点
		クレジットカード	1点
		サラ金や闇金融	1点
		株券，債券，保険を換金	1点
		自分または家族の財産を処分	1点
		当座預金口座（不正な小切手を発行）	1点

SOGSのスクリーニング検査の設問
合計点数が0：ギャンブルの問題なし，1～4：やや問題あり，5以上：ギャンブル依存症の疑い。

おぉ，こっちのほうが簡単だし，すぐ回答できますね！ それにしても発達障害と依存症を併発すると，かなり大変そうですね。

そうですね。発達障害と依存症は，どちらか一つでも大変ですが，併存するとより生きづらさが増します。
発達障害の併発症としての依存症においては，発達障害と依存症，両方を同時に治療を進めるのがよいでしょう。

ギャンブル依存症のスクリーニングテスト「LOST」

1. ギャンブルをするときには予算や時間の制限を決めない，決めても守れない（Limitless）
2. ギャンブルに勝ったときに『次のギャンブルに使おう』と考える（Once again）
3. ギャンブルをしたことを誰かに隠す（Secret）
4. ギャンブルに負けたときにすぐに取り返したいと思う（Take money back）

＊2つ以上あてはまったら，ギャンブル依存症の可能性あり

このテストは，ギャンブル依存症問題を考える会（代表・田中紀子氏），国立精神・神経医療研究センターの松本俊彦医師，筑波大学医学医療系の森田展彰准教授らの調査研究により開発された。

ASDの「のめりこみやすさ」がスマホやゲーム依存へ

つづいて，**スマートフォン**や**ゲーム依存**についてお話しします。

スマホは誰にとっても欠かせないもののような気がするのですが，スマホ依存の判断基準みたいなものはあるんでしょうか？

スマートフォンは今や私たちの日常の一部となっていますね。スマートフォンは依存かどうかの区別がつきづらいため，**社会生活に支障をきたしているかどうか**が判断の目安になります。

私，寝る前にスマホを開いてしまい，気がついたら30分以上経っていた……，なんてことがあるんですが，それくらいなら大丈夫ですかね。

良質な睡眠のためにはよくありませんが，それだけなら依存症というほどではないでしょう。
極端にいえば，平日は勉強や仕事，家事などをきちんとこなし，休日はまる1日スマホゲームをやっていたとしても，依存症である可能性は低いです。

具体的にどういう状態になると「依存症」なんですか？

授業中もこっそりとスマートフォンでSNSを見ずにいられなかったり，食事や睡眠の時間をけずってスマホゲームをやりつづけたり……。
正常な社会生活を送るために必要な活動がスマートフォンによっておろそかになると，依存症と診断される可能性が高くなります。これはゲーム依存症も同様です。

なるほど。
発達障害の人は，ギャンブルだけでなく，スマホやゲームへの依存症にもなりやすいのでしょうか？

ええ。**ASDやADHDの人は，これらの依存症になるリスクが高いといえます。**
ASDの人の「興味があることをやりつづける」という特性，ADHDの人がもつ「衝動性」などが，スマートフォンやゲームにのめりこみやすい傾向につながっていると考えられるためです。
特にストレス解消の手段としてスマホやゲームに没頭する傾向がある人は，依存症になりやすいようですね。

スマホやゲーム依存にも，発達障害の特性が影響しているんですね。
それにしても，スマホやゲームが生活の一部という人は少なくないと思うのですが，どのラインから気をつければいいのでしょう？

自分や家族が依存になりかけているときに注意したいのが**物事のプライオリティ（優先度）の変化**です。
家族や友人とすごすよりもスマートフォンでゲームやSNSをやることを優先させたり，やるべき勉強や仕事，さらには食事や睡眠の時間までけずってスマホを使いはじめたりするようになったら，依存になっている可能性があります。
次のページの図を参考にしてみてください。

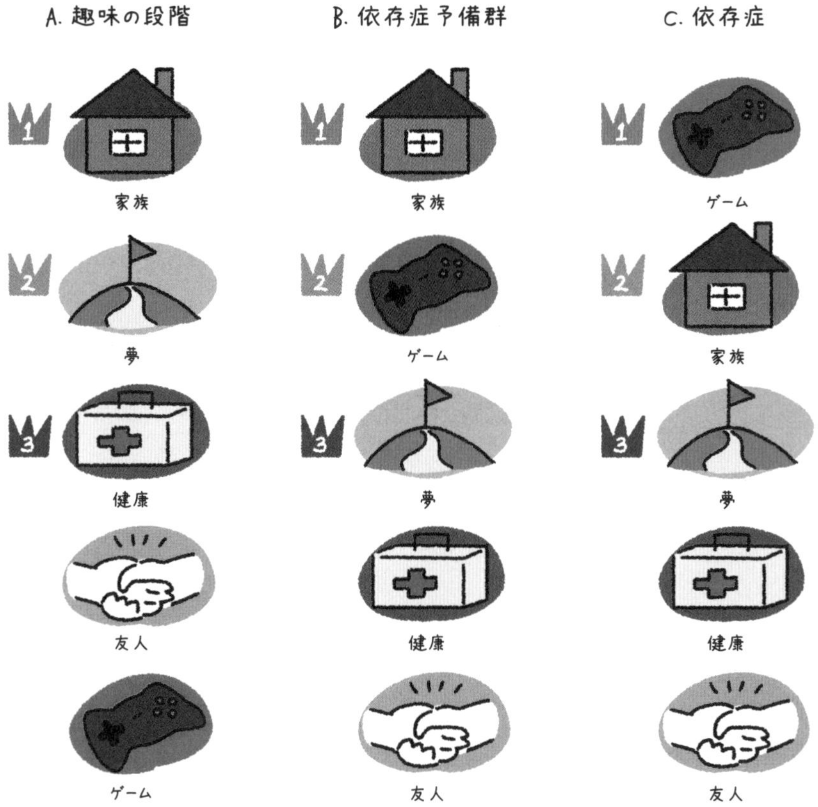

- ストレス発散になる。
- 生活に支障はない。

- ほぼ自分で抑制できる。
- たまに日常生活に支障が出る。

- 一日中対象のことを考える。
- 時間やお金を浪費する。
- 社会生活に支障が出る。

スマホやゲームを何よりも優先してしまうんですね。

自分で思い当たる状況があったり，家族にそのような異変を感じたりしたら，ネット依存外来などの受診を検討することをおすすめします。

はい！

それから，スマホ依存症には**低年齢化**の懸念があることにもふれておきましょう。若者のネット利用について調べた内閣府の調査結果によると，小学生のスマートフォンよるインターネット利用率は，2014年には12.5%でしたが，2021年には**53.4%**にまで上昇しています。さらに，6歳以下の幼児が保育園などへの通園中にネット（スマホやタブレットなどを含む）を利用する率も，2021年には**70.4%**に上りました。

そんなに多いんですか!?

はい。発達障害がある場合，自制がむずかしいことも少なくありません。幼いうちからスマホ依存症にならないために，周囲の大人が適切な利用を指導していくことが必要です。

私たち大人が見本を見せないといけませんね。まずは自分の使いすぎに気をつけます！

よい心がけですね。
スマホ依存症やゲーム障害はまだ新しい病気のため，心身にどのような影響が出るのか，とくに長期的な影響についてはほとんどわかっていません。
つまり，依存症になった場合のデメリットの大きさが，正しくつかめていないのです。
スマートフォンが便利であることはまちがいありませんが，依存症になるリスクと，そうなった場合のデメリットの存在は，きちんと認識しておいたほうがよいでしょう。

依存の対象によって治療のゴールは変わる

ここまでのお話で，発達障害が依存症発症のきっかけになりやすいことはわかりました。
あらためてですが，もし依存症が発覚したら，どういう流れで対処するのがよいのでしょうか？

依存症と診断された場合，まずはその背景に発達障害やほかの精神疾患などの病気があるかどうかを見きわめることが重要です。
そして病気や障害があれば，前述した通り，障害や病気と依存症の両方を同時に治療していくことになります。

まずは背景にほかの病気がないかを確認するんですね。あと，さまざまな依存症がありますが，それぞれ「ここまで改善できたら治療終了」といった目安はあるんですか？

何をもって解決とするかは，依存の対象によってことなります。麻薬や覚醒剤などの薬物は違法であるため，薬物依存の治療は**使用をゼロ**にすることがゴールとなることが多いです。
一方アルコールやたばこについては，重症度によっては完全に絶つことをめざすのではなく，**心身や生活に支障がない量**まで減らすことをめざす場合も増えてきています。

スマートフォンやゲームについても，依存の治療のために使用ゼロをめざすのは現実的ではないため，**決められた時間・状況**で使用できるようになることがゴールになる場合が多いです。

なるほど。
完治をめざすのではなく，日常生活に支障が出ないということを，治療のゴールとすることが多いんですね。

はい。**依存症は再発率が非常に高い病気なので，再発してもふたたび治療に取り組める環境をつくりつづけることが大切です。**
もし再度依存症になったことを周囲の人がとがめてしまうと，もう一度受診して治療する気がおきにくくなります。
「依存症の再発はよくあること」と認識し，再発しても相談できるように，根気強くつきあっていく心づもりをしておくことが必要です。

4 時間目

発達障害との上手な付き合い方

STEP 1

まずは自分の特性を把握しよう

発達障害の特性をもつ人は，なぜ日常生活や仕事に支障が出てしまうのでしょうか。その原因と行動心理，日常生活や仕事に対応するための環境調整方法を紹介します。

脳の特性をよく理解しよう

4時間目は，ここまでお話ししてきた発達障害の知識を整理しつつ，本人や周囲が発達障害について正しく理解し，どう向き合っていけばよいかを見ていきましょう。

はい。

主な発達障害はその特性によって，ASD（自閉スペクトラム症）やADHD（注意欠如多動症），LD（学習障害）と大きく三つに分けられます。
しかし，特性が重複した**混合型**がほとんどの発達障害の割合を占めており，さらにその症状は個人によってさまざまです。

発達障害の症状は三つのタイプに簡単に分けられるものではないのですね。

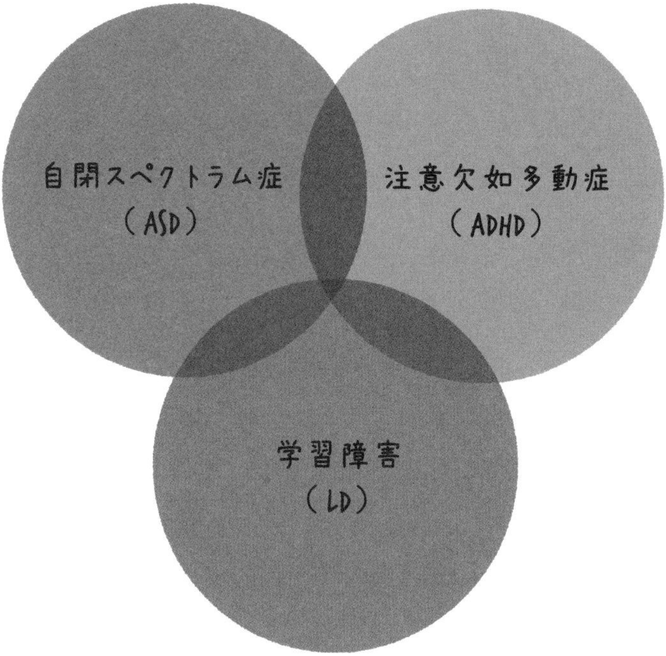

そうなんです。
たとえば，こだわりが強いとされるASDの特性でも，こだわりがそれほど目立たない場合もあります。
ある人は自分のこだわりが強い作業に熱中するという特性はあるものの，一方でADHDの特性もあるため，注意散漫になり，別の好きなことにとらわれることもあるのです。

こだわりと不注意の特性が重なることで，こだわりという特性が弱く見えることがあるんですね。

はい。くり返しになりますが，発達障害は，生まれつきの脳の特性です。
生育環境によって症状が悪化する可能性はありますが，親の育て方によって発症するわけではありません。また，個人の心の弱さや努力不足とは何の関係もないのです。

あくまで生まれつきであり，本人や親の努力不足でもない。みんなに認識してほしい，大事なことですね。
それで，実際に発達障害の人はどのようなことを心がけて生活をしていけばよいでしょうか？

発達障害を抱えている人は，社会生活に適応することがむずかしくなります。
しかし，周囲の環境やまわりの人との相性がよければ，その人たちがサポート役となり，症状が出にくくなることもあります。

ふむふむ。

ASDやADHDの症状があらわれている人でも，自分の特性とうまく折り合いをつけることができれば，生活に大きな支障が出ないように生活することができます。
そのため，自分の特性にはどのような濃淡で出ているのかを知ることが最も大切です。

今いる環境で，自分の特性がどのように出ているかを理解し，どうすればいいかを考えることが，発達障害と上手に付き合う秘訣なんですね。

発達障害に明確な境界は存在しない

先生，発達障害の特性って，単なる個性とはいい切れないわけですよね。
普通の人と発達障害の人との境目はどこにあるんでしょうか？

「普通」と「発達障害の特性」に，客観的な線引きの基準はありません。いわゆる「オタク」や「うっかり屋」と，発達障害の特性は地続きのもの，ということです。

ほぉ，境界はないと！

たとえば，ASDの特性は特定の行動や知識への**こだわりや反復行動**が目立ち，場合によっては対人関係よりも優先することが少なくありません。
しかし，どこまで優先することがASDの特性といえるのかというと，客観的に測定できるような具体的な基準はないのです。

そうなんだ。

一方，ADHDの多動性や衝動性という特性は，目の前のやるべきことに集中できず，興味のあるほかのことを優先してしまうということがあります。

もちろん，この場合であってもどこまで優先することがADHDの特徴なのかといえば，客観的な判断基準は存在しません。

それよりも，生活に支障をきたしているかどうかという基準が重要になってくるのです。

ポイントはあくまで「生活に支障がないか」ということなんですね。

そのような中で，発達障害の人が自分の特性を把握するにはどうすればいいのでしょうか？

この本の最後（292〜296ページ）に，発達障害のチェックリストを掲載しています。

これを活用すれば，自分の特性の強弱や濃淡のイメージをなんとなくつかめると思います。

おぉ！　自分で確認ができるのですね。

いえ，自己評価と客観的評価は食いちがうことも多いですし，このチェックシートはあくまで参考程度の一つの指標として活用してください。
発達障害の特性のあらわれ方はとても複雑なので，チェックシートだけでは不十分です。
発達障害の特性によって生活に支障が出はじめているのであれば，必ず医療機関で相談してください。

自分の特性がわかったら周囲の環境を調整しよう

自分の特性がわかってきたら，次にどうすればよいのでしょうか？

自分の特性をある程度イメージできたら，その特性に合わせて**環境調整**をしましょう。
環境調整は，自分の体のつくりを理解し，それに合った洋服を着るようなものです。見栄えがよい，かわいいなどの理由で選んだ服が自分の体に合わず，着られなかったというような経験は誰にでもあると思います。

私，自覚している以上に太っていた時期があって，絶対着られると思った服が入らなかったことがあります。
すごく落ち込みました……。

そんなときは，自分の体に合ったサイズの服を選び直したり，サイズを自分の体に合うように調整したりしますよね。それと同じように自分の特性を正しく理解し，環境調整をするとよいのです。

そういわれると，イメージしやすい！
どうやって環境調整をすればよいのでしょうか？

環境の整え方には，大きく分けて**二つのアプローチ**が存在します。
一つは特性を自分なりに理解して，ふるまい方を工夫していくことです。
もう一つは，自分の特性をまわりの人に理解してもらい，一緒に環境を整えていくというものです。

自分でふるまい方を工夫していくか，まわりの人に**理解・協力**してもらうか，ということですね。

はい。ただし，環境調整だけですべてが解決するわけではありません。生活に支障をきたしている場合や，不安障害やうつ病など二次障害が発症している場合は，環境調整のみで改善することは困難です。
発達障害の対応法は，環境調整以外にも，医療・教育的な立場から子どもの発達をうながす**療育**や**福祉サービス**などの専門的な対応や支援，**医学的な治療**があります。必要に応じて取り入れていくとよいでしょう。

発達障害の人の三つの対応法

発達障害の人の三つの対応法を描きました。三つの対応法とは，環境の調整（A），療育や福祉サービス（B），医学的な治療（C）です。

A. 環境の調整

- ふるまい方を工夫していく方向で進める
  （自分の能力を底上げする）
  （特性があらわれない手段を考える）
- 特性をまわりの人に理解してもらい，まわりの人といっしょに環境を整えていく方向で進める

B. 療育や福祉サービス

C. 医学的な治療

自分の特性を理解して，ふるまい方を工夫しよう

先生，環境調整のうち，まずふるまい方を工夫するには，どうすればよいのでしょうか？

特性があっても，生活の支障が出ないようにふるまい方を身につけるには，大きく分けて二つの方法があります。**一つは，訓練して能力を底上げする方法です。**

訓練？

たとえば，対人コミュニケーションに特性があるのであれば，**コミュニケーションの教室**などで話し方や接し方を学んだり，**書籍**などで知識をつけたりする方法があります。

苦手なことを把握して，弱点を補強する，ということですね。

そうです。
ただし，補う必要のある能力の背景に発達の特性が大きくかかわっている場合，改善がむずかしいこともあるかもしれません。
そういった場合は第二の方法として，「何らかの形で補う手段を考える」という方法がおすすめです。

どういうことですか？

たとえば，コミュニケーションに特性がある場合は，電話対応や窓口対応などコミュニケーションが頻繁に発生する職種ではなく，**対話や対面が不要な仕事**を選ぶ，といったことですね。

なるほど。
この場合は苦手なことを避けつつ，自分に合う職業を見つけるってことですね！

ええ。また，苦手なことができるだけ少なくすむだけでなく，得意なことを活かせる環境だと，より理想的ですね。

そのためには自分の苦手なことと得意なことをしっかりと把握しておくことが大事ですね。

研究開発の仕事についた，自閉スペクトラム症（ASD）の人をえがきました。この人は，コミュニケーションが苦手な一方で，規則的な行動や反復的な行動を得意としていました。得意なことを生かす場所を探すことも，たいせつです。

他人にどこまで理解を求める？

次に，特性を**周囲に理解**してもらい，一緒に環境調整を行う方法を紹介します。
自分だけで環境調整するよりも，周囲の人とともに取り組む方が自分の能力を補う選択肢は大きく増えます。

まわりの人に協力してもらうわけですね！
でも，もし仮に自分が発達障害だったら，積極的に周囲にサポートを求めるのはちょっと気が引けるかも……。

たしかに，自分の特性を家族や職場の人に伝え，協力してもらうことをためらう人もいるかもしれません。
そういう人は主に成人になってから発達障害の診断を受け，症状に気づいた人が多いです。
協力をためらう主な理由は，対人関係や段取りなどを苦手とする人が，社会的に低い評価を受けていることを体験的に知っているからでしょう。

ですよね。
そういう場合はどうすればいいのでしょう？

問題を乗り越える一つの方法は，**自分の得意なことで周囲の人を手助けする代わりに，自分の苦手なことを補ってもらう，というものです。**

どういうことでしょうか？

たとえば，ADHDのある女性は，大事な仕事の予定や大切な書類を置き忘れることがよくあったそうです。
まわりの人にあきれられ，何度注意しても直らないと思われていましたが，彼女には気配りの才能がありました。
周囲の困りごとをいち早く察知し，声をかけ，手助けしつづけた結果，気配り名人として評価が高くなったそうです。
その結果，女性は職場での評価が高まると同時に，苦手なことをまわりの人が助けてくれるようになりました。

おぉ～！
自分のできることで周囲の人をサポートした結果，周囲も協力してくれるようになったんですね。

はい。
もう一人，例をあげましょう。
学習障害の男性は，書くことが苦手でした。会議では書くことに精一杯で，内容を忘れてしまうことが多々あったそうです。そこで，どうすれば楽になるか考え，ボイスレコーダーを導入したところ，苦手な書く仕事を減らすことができました。
最近では，会議の録音係として新たな役割を得て，楽しく仕事ができているそうです。

苦手なことを機械の力を借りて克服し，職場で必要とされる役割も獲得したんですね。

ええ。**このように，無理に自分の力だけで苦手なことを克服しなくても，「得意なことで補う」「機械で代用する」といった方法をとることで，スムーズに環境調整ができます。**

これなら他人に自分の症状を理解してもらって頼る一方ではなく，自分の特性を活かして周囲の力にもなれるので，「段取りや対人関係が苦手なことで低い評価を受けそう」などと悩んでいる人でも，取り組みやすいと思います。

自分の特性を活かして，集団の中で必要な人をめざすってことですね！
発達障害をもつ人に限らず，社会生活をしていくうえで大切なことだと感じました。

STEP 2

生きづらさを減らす，さまざまな工夫

「物の置き場所を決める」「結論から話す」など，発達障害の特性による生きづらさを減らす方法はいくつもあります。工夫をしながら，上手に付き合っていきましょう。

工夫しだいで「先延ばし」は減らせる

ここからは，発達障害の人の生きづらさを減らすためにできる工夫を具体的に考えていきましょう。
まずは**スケジュール管理**についてです。

とくにADHDに苦手な人が多いんでしたよね。
なぜスケジュール管理が苦手になるんでしょうか？

発達障害の人が苦手とするものの一つが「スケジュール管理」ですね。
たとえば多動・衝動性の傾向が強い人は，作業中にふと思いついたことに手を出してしまい，締め切りに間に合わずに作業が中途半端になることがあります。

締め切り自体を忘れているわけではないんですね。

一方，注意欠如の傾向が強い人は，締切日を忘れたり，スケジュールそのものを覚えていなかったりします。
また，ADHDの特性をもつ人の中には，時間感覚を把握することに困難を覚える人もいます。
締め切り日までの時間がどのくらいあるのか実感できず，計画的に作業を進めるのがむずかしいという人もいるようです。

特性によって原因がちがう，というわけですね。

はい。またADHDの特性をもつ人の中には，脳の中の**ワーキングメモリ**がうまく機能しない，という特性がある人も多くいます。

わーきんぐめもりって何でしたっけ？

ワーキングメモリとは，作業や動作に必要な情報を一時的に記憶・処理する能力のことでしたね。
ワーキングメモリが機能不全に陥ると，記憶をうまく取りだすことができません。予定と現状の調整がむずかしくなり，スケジュール管理が苦手になってしまうのです。

ワーキングメモリがうまく機能しない人はどうしたらいいのでしょうか？

こうした問題を緩和するためには，実体のない時間の感覚を別のかたちで実感しやすくする必要があります。いわば**時間の可視化**です。

時間の可視化!?
どうやればいいんですか？

具体的な方法の一つとして，締め切りまでの**カウントダウン方式**を導入することがおすすめです。
やらなければいけないことに対し，**あと5日**，**あと1時間**など，締め切りまでの期間を具体的に表示するということです。このとき,「業務ごとに締め切りを設定する」ことがポイントです。

細かく業務ごとに締め切りを設定したほうがよいのですね。

ええ。「〇〇に関する資料を読む」「△△の企画書を作成する」**スモールステップ**ごとに締め切りを細かく設定することで，多動や衝動性の傾向があらわれたときも，目の前の仕事に集中しやすくなるんです。

なるほど！

スケジュール管理には，デジタル機器を使うのもよいでしょう。
スマートフォンやタブレットのアラーム機能，タスク管理機能は時間や工程の可視化につながります。

便利なアプリがいろいろと開発されているんですね！

目や耳に入る情報を少なくしよう

ASDやADHDの特性をもつ人の中には，**匂い**や**音**，**光**などの感覚刺激に対する反応に特徴があることがわかっています。

ASDの人は，いろんな感覚刺激に敏感だというお話が2時間目にありましたね。

そうなんです。
2020年3月に国立障害者リハビリテーションセンターより発表された「発達障害の症状をもつ人への調査結果」によると，彼らが最もつらいと感じている感覚は**聴覚**で，次に**視覚**でした。

音がうるさく聞こえる，ということでしょうか？

ええ。**音の大小や遠近にかかわらず，日常的にすべての音が大きく聞こえることがあります。**
その結果ストレスが大きくなり，集中力が低下してしまうこともめずらしくありません。

それはつらいですね……。

さらに，BGMとして流れている音や周りの人の声など，自分に関係のない音まですべて頭に入ってきてしまうなどの症状が見られます。

目の前で会話している人の声が聞き取りづらくなったり，電話の声が聞こえなくなったりしてしまいそうですね。

そうなんです。また大勢の人がいる教室などでは，講師が話している内容が聞き取りづらくなったり，日本語として判別できなかったりすることもあるんです。
こうした聴覚過敏は，本人も自覚していないケースがあり，学業や仕事に支障をきたすことがあります。

他人に音がどのように聞こえているかは知りようがないので，自覚するのはむずかしそうですね。
感覚過敏への対策は何かないんですか？

たとえば音への対策の一つとして，イヤホンやノイズキャンセリングつきのヘッドホンを利用する方法があります。

低音域の生活騒音を消して人の声を拾いやすくしてくれる器具や，中～高音域に相当する人の声を消してくれる器具などもありますよ。

そういう器具を活用すればいいんですね！

ええ。イヤーマフや耳栓もよいでしょうね。
ただ聴覚だけでなく，**触覚**も過敏になっている場合，イヤホンなどの器具をつけつづけることが負担になることもあります。

こういうときは，静かな環境でもう一度たずねたり，まわりの人に自分から聞き取りづらいことを伝えたりする環境調整も必要になってきます。

ふむふむ。
光などの視覚刺激に過敏な人はどうすればいいでしょうか？

視覚過敏は視界に入るすべての情報が頭に入ってくるため，物が多いところにいると集中力を使いすぎてつらい，という症状があらわれるようです。
机の上など視界に入るものを整理し，極力減らすことが有効です。
パソコンの画面の明るさを減らす遮光グラスや遮光シートなどを利用することもおすすめですよ。

視界に入る不要な情報や刺激をできるだけ少なくすることが重要なんですね。

ASDやADHDは「段取り下手」な傾向がある

ASDの特性をもつ人は，自分が決めた行動パターンなどにこだわりすぎるため，仕事の段取りを組み立てたり，優先順位をつけたりすることが苦手です。

たしかASDだけでなく，ADHDの人も計画や段取りが苦手な傾向があるというお話でしたよね。

そうですね。ADHDの特性がある人は，目についたものや興味のあるものから次々と手をつけてしまい，最終的に計画通りに進められないという傾向があります。したがって，興味がないものは必然的に先延ばしになってしまうのです。

ふむ。いったい，どのように対応するのがよいでしょうか？

段取り下手を緩和するためには，自分であれこれと考える余地をなくすことがポイントだといえるでしょう。

えっ？
自分で考えないほうがいいってことですか？

仕事の優先順位がつけられないようなら，自分を頼らず，**上司や周囲の人**に優先順位を決めてもらうのもよいでしょう。

やるべき仕事をすべて書きだして，どのような順番でこなしていくべきか，まわりにアドバイスを求めるというのもよいかもしれません。
また，こだわりをなくすためにも仕事を**パターン化**しておくのもおすすめです。

その都度作業を考えるのではなく，手順ややり方を決めておいて，毎回その通りにすればいいわけですね。

はい。
また，集中力がつづかない場合は，「やらなければいけないこと」の大まかな優先順位を周囲に話して決め，その上で並行して進められる業務をいくつか決めます。そうすれば，飽きたらほかの業務に変えられるため，効率よく仕事を進めることができますよ。

優先順位を決めた上で，並行作業できる業務を決める？
具体的にはどうすればよいのですか？

たとえば，やるべき作業のファイルをすべて開いておいて，インターネットでの調べものに飽きたらメール処理，メールを書くのに飽きたらワードで報告書作成，その次はエクセルでの伝票入力など，複数の仕事を並行して行うようにします。
こうすることで，仕事への集中力を持続させ，スケジュール通りに進行しやすくなるでしょう。

たしかに，一つの業務に疲れたら，別の業務をするってこと，無意識にやっていたかも！　そのほうが気持ちも切り替わるし，効率がよいことが多いですね。

ケアレスミスや物忘れを減らすワザ

ADHDの特性をもつ人の中には，確認ミスや情報の取りちがえなどの**ケアレスミス**に苦労している人もいるでしょう。
また，人によってはこだわりや視覚過敏などが原因で，問題が発生してしまう場合もあります。

ADHDの場合，注意力が散漫な特性をもつ人がいるということでしたね。
どうすればケアレスミスを防げるんでしょうか。

たとえば，スマートフォンのアプリなどを活用し，やらなければいけないことを思いだし，チェックするしくみを日常生活のなかで整えることがポイントです。

道具をうまく活用することがいいんですね。

そうですね。それからやはり，周囲の人の協力も欠かせません。
重要な会議やプレゼンテーションをする前日に，もち物や準備しておく物を事前にメールなどで送ってもらう，という方法もよいでしょう。

周囲の人と一緒に確認する習慣をつくることで，小さなミスを減らせるというわけか。

そうですね。
また，物に対する愛着を抱きやすいASDの特性をもつ人には，色やデザイン，手触りなど，自分の感覚で**気に入った手帳**を使うことで，スケジュール管理を習慣づけるという方法もおすすめです。
お気に入りの一品なので，スケジュール帳を見ながら確認するという習慣が身につきやすくなりますよ。

なるほど！
この方法なら，楽しくスケジュール管理ができそう。

ちなみに，スケジュール管理は，一冊の手帳で行うのが基本です。

複数の手帳を使うと，仕事の締め切り日や会議の予定などを忘れてしまう可能性が高くなるので，おすすめはできません。

さらに確認ミスを減らすには，面談などが入っている相手に対して，前日に**リマインドのメール**を送っておくなどの方法があります。自分の記憶を確かにできますし，自分にかんちがいがないかの確認にも役立ちます。

片付けが苦手なADHDの人は，物の置き場所を決めておこう

ADHDの特性をもつ人は，物事の優先順位がつけづらい傾向にあるため，整理整頓が苦手だったり，机の上が書類の山になったりしがちです。

あー，私も整理整頓が苦手で，机の上にはいくつもの書類の山ができています……。何かコツはありますか？

整理整頓で重要なことはたった三つです。
第一に「不要な物を取り除く」こと，第二に「必要な物のスペースを確保する」こと，そして第三に「必要な物をすぐに使えるように管理する」ことです。

三つのことを意識すればいいんですね。具体的な方法も知りたいです。

はい。
まず，「不要な物を取り除く」「必要な物のスペースを確保する」ときに大事なのが，**使用頻度**を考えることです。
毎日使う文房具やノート，毎週使う書類，毎月使う資料など，使用頻度によって机に残す物を決めます。
使用頻度が低ければ，自分の机で管理するよりも共用で管理するなど，自分の机の上から減らすことを心がけましょう。

ふむふむ。

次に重要なのが**置き場所**です。使用頻度が高いものは，探しやすく，使いやすい場所で管理しないと，探す必要が出てきます。
また，「その道具を使わない場所に保管」していると効率も悪くなります。
使う場面と頻度を考え，なるべく使いやすい場所に置きましょう。

使う物は取りだしやすい場所に置き，使わない物は片付けてスペースを確保するんですね。

ええ。そうすることで視覚的にも整理され，作業の優先順位がつけやすくなります。

家で整理整頓をするときも，基本的には同じ考え方でよいです。
たとえば，会社に行くための「鍵」「定期券」「社員証」などは，使用する場所である玄関の小箱に入れておくなど，使う場面と頻度を考えて，置き場所を決めていきましょう。

ふむふむ。

さらに「必要な物をすぐに使えるように管理する」ためのワザとしては，**片付いた状態を撮影しておく**，というものがあります。

きれいに整理された状態の画像と不要な物でふえてきた状態を比較してみれば，どこが乱れているのかすぐに判断できます。

なるほど！
きれいな状態の写真と，今の状態を見比べると，どこにしまうか迷わずに整理整頓がやりやすくなりそうです。

会議の“予習”は効果的

発達障害の人の中には，会議で発言者の言葉に集中しすぎて，会議中に何が決まったのか，まったくわからなくなってしまうという人も少なくありません。

内容をしっかり理解するコツってあるんでしょうか？

会議の前に事前にわかっているポイントを整理しておくことです。
具体的には，会議が開催される日時や場所，会議に出席する関係者，そして内容などをノートなどに書きだしておきます。
いわば会議の予習のようなものです。

予習かぁ。たしかに，事前に頭に入っているかどうかで，だいぶちがってきそうですね。

中でも会議の目的と，何が決められるのかは，きちんと確認しておきましょう。
どのような議題を検討するのかわからなければ，上司や周囲の人に聞いてみるのもよいかもしれません。

予習をしておくと，会議の流れや発言者の内容，具体的に決定されたことなどが理解しやすくなりそうですね。

ええ。
さらに会議中は，事前の予習資料に会議中に決まったことなどを書き入れていくとわかりやすくなりますよ。
また，可能であればボイスレコーダーなどを利用し，会議そのものを録音しておくのもよいでしょう。
これなら，万が一メモを取り漏らしても，あとでもう一度確認をすることができます。

やっぱり道具を活用するのがいいんですね！

はい。会議で利用したホワイトボードなどは，デジタルカメラやスマートフォンのカメラで撮影しておくことも助けになります。
それでも会議の内容についていけない場合は，職場と相談の上，会議そのものを動画で撮影するといったことも取り入れていくとよいでしょう。

発達障害の人が会議の中で**発言**するときは，何に気をつけるとよいでしょうか？

そうですね。発達障害の人の中には，会議や普段の会話で「論理的に話せない」，「わかりやすく相手に伝えられない」という悩みをもつ人も多いようです。
話している内容の**主語や述語**が抜けていたり，話しているテーマと関連性のないテーマに話が移っていたり，過去や現在の時系列がずれていたりして，相手が理解しにくい状態になっていることが少なくありません。

私も，たまに「何を言っているかわからない」と言われて落ち込むことがあります……。

こうした問題を緩和するには，思いついたことをその場で発言する習慣を変えていくことが大切です。
事前に紙に書きだして，伝えたい意見やアイデアを検証してみるとよいでしょう。
会議における発言の場面でいうと，会議の議題や検討したい内容について関連した内容なのかどうか，自分で確認してみるのです。

衝動的に発言しないように，一度紙に書きだすことがポイントなんですね。

そうです。
会議の議題の内容を事前に書きだしておけば，会議中に自分のアイデアや意見を検証するのは，それほどむずかしいことではないでしょう。

ふむふむ。

自分のアイデアや意見を書いて検証してみると，主語がどこかにいっていたり，時系列がおかしかったり，テーマがずれていたりすることを確認できます。
問題の箇所を修正することで，さらによいアイデアが生まれてすばらしい意見を提案したり，逆にテーマにふさわしくない意見だと気づいたりすることができますよ。

この方法を取れば，落ち着いて会議にのぞめそうですね！

そうですね。
文字に書いても自分の意見を確認しづらいという「聴覚優位」の人は，テープレコーダーに自分の意見を録音し，後で聞いてみるのもよいでしょう。

結論から伝えることを心がけよう

ADHDで多動性や衝動性が強く出ている人は，話がいたるところに飛びがちです。話の流れを考えず，**思いついたこと**をそのまま話していくので，結局，何が主張したいのか理解しづらくなってしまうのです。
またASDの人は，最初から最後まで顛末を詳しく話してしまったり，何を伝えたらいいのかわからずに押し黙ってしまったりして，上手に内容を伝えることができないことがあります。

ASDやADHDの人は，どういうことを意識して話せばよいのでしょうか？

ずばり，**意見は結論からのべる**ことです。
発達障害の特性をもっている人は，意見を伝えるときに丁寧に伝えようとするため，その物事の経緯や状況なども伝えようとする傾向があります。しかし，仕事で上司とコミュニケーションをするときは，そうした経緯や状況を伝える必要はありません。常に結論を意識して，意見を伝えると短時間で報告がすむので労力もかかりません。

報告内容の細かい点を大事にしすぎると，何が結論かわからなくなりますもんね。

仕事の連絡や報告では，**用件**，**結論**，**理由**，**対策**の4点が重要です。報告すべき内容が，予定通りうまく進んでいれば「用件」と「結論」の2点だけでよいでしょう。

用件，結論，理由，対策ですね。
覚えておこうっと。

うまくいっていない場合は，その「理由」や「原因」についてのべる必要があります。場合によっては「対策」が必要になるかもしれません。
その場合，なぜ予定通り進んでいないのかという理由や原因，そして対策についても，結論から先に伝えます。

まずは「結論」から先に話をすすめていくことがコツなんですね。

コミュニケーションは相手が主役と考えるとよい

これまでお話ししてきたように，発達障害の人の中には，コミュニケーションを苦手と感じる人が少なくありません。
とくにASDの特性が強く出ている人は，相手の発言の「裏」を読むことがむずかしいようです。

微妙な空気を読めなかったり，相手を批評する言葉づかいになってしまったりして，そのつもりがなくても，相手を不愉快な気持ちにさせてしまうことがあるんですよね。

はい。一方，ADHDの多動性や衝動性の特性が強く出ている人は，頭に浮かんだことをすぐ口に出したり，相手の発言を遮るようなコミュニケーションをとってしまったりします。

コミュニケーションの問題を緩和するには，どうすればいいでしょうか？

基本的なコミュニケーションの原則として，「相手が主役」であるという考え方をもって行動すれば，大きな問題になることは少ないでしょう。
ポイントは，「自分から何か話をしなければならないと思わないこと」です。質問さえすれば，相手が自然と話してくれますからね。

相手が主役と意識することがコツなんですね。

会話というものは，相手の話しているテーマについて質問をすると，自然とつづいていきます。話の流れについていけないと思ったときには，うなずくだけでもよいのです。

ふむふむ。

たとえば「その考え方はいいですね」や「もう少し聞かせてください」など，相手の意見を聞く言葉から会話をはじめると，相手からも意見をたずねられるようになります。
これが，会話のキャッチボールへとつながるのです。

相手を中心に会話を広げてみるってことか。
私も意識してみようっと！

まわりの人の気づかいで「生きづらさ」がやわらぐ

先生，ここまでいろいろとお話を聞いてきましたが，発達障害を根本的に解決する方法というのはないのでしょうか？

残念ながら，発達障害の根本的な原因を取り除くことは，現状では困難です。
しかし薬によって症状をおさえたり，本人の行動や周囲の人の気づかいによって，生きづらさをやわらげたりすることはできます。

薬はどういうものが使われるんでしょうか？

はい。
薬物療法では，症状にあわせて**抗てんかん薬**，**睡眠薬**，**抗うつ薬**，**ADHD治療薬**などが用いられます。

ADHD治療薬は，脳の神経伝達物質「ドーパミン」や「ノルアドレナリン」のはたらきを強めることで，不注意や多動をおさえる効果があります。
ただし，薬物療法は副作用があらわれる危険性もあるため，薬の使用は症状がひどい場合に必要な範囲内にとどめることが推奨されています。

なるほど。
状況に応じて活用していくイメージですね。

そうですね。また，薬物療法よりも一般的なのは，具体的な場面を想定したふるまい方を学び，コミュニケーションスキルを高めていく取り組みです。

実際にどのような取り組みが行われているんでしょうか？

たとえば発達障害をもつ子どもには，現在抱えている問題の解決や将来の社会的自立をめざした，療育とよばれる教育・トレーニング支援が行われています。
療育は，各自治体に設けられた「療育センター」などで受けることができ，発達障害の子どもに対して親がどう接するべきかを学ぶこともできます。

親もいっしょに学べる，というのはよいですね。

発達障害をもつ大人に対しては，これまでお話ししてきたように，本人が過ごしやすい環境をつくる**環境調整**の方法を学んだり，発達障害の理解を深め，個々の場面での適切な対処法を学んだりする**精神療法**がとられます。また，10人ほどのグループで行う**集団精神療法**も行われています。これらの取り組みによって，社会生活によりよく適応できるようになり，ストレスが軽減されるのです。

環境調整に，精神療法か。
先生，身近な周囲の人ができることもあるんでしょうか？

はい，周囲の人が理解を深め，適切な気づかいを行うことは，とても大切です。
288〜289ページに，周囲の人ができる配慮の例を描きました。
周囲の人がルールをわかりやすく提示するなど，少しの工夫で本人の生きづらさを大きくやわらげることができるので，ご家族や職場の人は，ぜひ意識してみてください。

周囲の人が配慮できること

発達障害をもつ子どもや大人に対する，よりよい気づかいの方法を描きました。発達障害の症状はさまざまです。それぞれの症状に合わせた工夫をすることで，本人の生きづらさを軽減することができます。

失敗したときはしからずに，問題の解決方法をいっしょに考えましょう。うまくできたときにしっかりとほめることもたいせつです。

コミュニケーションをとるときは，「ゆっくり」「短く」「正確に」伝えることを心がけます。遠まわしな表現やあいまいな表現はさけましょう。

「早くして？」「まだ？」などとせかさずに，じっくりとおだやかな態度で話を聞きましょう。

図を使って、ルールや約束事を視覚的にわかりやすく提示しましょう。

前もってスケジュールや計画を明確に伝えておきましょう。

とくにADHDの場合、ポスターや本など、注意をひくものを目に入る位置に置かないようにしましょう。座席に仕切りをつけるなどして、集中しやすい環境をつくることもたいせつです。

発達障害の人に苦手なことや得意なことを教えてもらう、あるいは、苦手なことや得意なことに気づいてあげるようにしましょう。

チェックリストで特性を客観的に把握しよう

さて，最後に，自分が発達障害の症状をもっているのかどうかの傾向をみるためのチェックリストを用意しました。

おぉ～！
いきなり病院に行くのをためらう人もいると思うので，これは活用できそう。

おさらいになりますが，発達障害は一人ひとり異なる特性があらわれます。そして自閉スペクトラム症（ASD），注意欠如多動症（ADHD），学習障害（LD）の三つの特性が複合的にあらわれる場合もあります。
また特性のあらわれ方には強弱があり，ここにあるチェックシートだけでは，正確に診断することはできません。
正確に診断するためには，必ず医療機関を受診することが重要です。

あくまで自分の特性のイメージをつかむために，シートを利用するんですね。

はい。そうです。
もし発達障害の特性の影響によって生活に何らかの支障が出ているのであれば，早期に診断を受け，対処することで問題の緩和をはかることができます。

環境調整をするためには，自分の特性の強弱や濃淡のイメージをなんとなく掴んでおくことも重要です。
そのための一つの指標として活用してくださいね。

発達障害の症状や，その対処法について，よく理解できました。
先生，今日はありがとうございました！

成人期ADHDの自己記入式症状チェックリスト（ASRS-v1.1）

次の質問を読んで，あなたの感じ方や行動を最もよくあらわす欄に○印をつけてください。
すべての質問に答えてください。

	まったくない	めったにない	ときどき	頻繁	非常に頻繁
1. 物事を行うにあたって，難所は乗りこえたのに，詰めがあまくて仕上げるのが困難だったことが，どのくらいの頻度でありますか。					
2. 計画性を要する作業を行う際に，作業を順序立てるのが困難だったことが，どのくらいの頻度でありますか。					
3. 約束や，しなければならない用事を忘れたことが，どのくらいの頻度でありますか。					
4. じっくりと考える必要のある課題に取りかかるのを避けたり，遅らせたりすることが，どのくらいの頻度でありますか。					
5. 長時間座っていなければならないときに，手足をそわそわと動かしたり，もぞもぞしたりすることが，どのくらいの頻度でありますか。					
6. まるで何かにかり立てられるかのように過度に活動的になったり，何かせずにいられなくなることが，どのくらいの頻度でありますか。					

※赤く色づけされた回答欄に四つ以上○がついている場合，成人期のADHDに該当する症状をもっている可能性が高いので，さらなる診察が必要です。

※正確に判断するためには，必ず医療機関を受診してください。

AQ日本語版　自閉症スペクトラム指数

下の質問文を読んで，自分について最もあてはまると思うものに○をつけてください。

	そうである	どちらかといえばそうである	どちらかといえばちがう	ちがう	点数
1. 何かをするときには，一人でするよりもほかの人といっしょにするほうが好きだ。					
2. 同じことや，同じやり方を何度もくり返すことが好きだ。					
3. 何かを想像しようとするとき，その映像（イメージ）を簡単に思い浮かべることができる。					
4. 一つのことに夢中になって，ほかのことが全然目に入らなくなる（気がつかなくなる）ことがよくある。					
5. ほかの人が気がつかないような小さい物音に気がつくことがしばしばある。					
6. 車のナンバーや時刻表の数字などといった一連の数字のような，とくに意味のない情報に注目する（こだわる）ことがよくある。					
7. 自分ではていねいに話したつもりでも，話し方が失礼だと周囲の人からいわれることがよくある。					
8. 小説（物語）などを読んでいるとき，登場人物がどのような人か（外見など）について簡単に想像することができる。					
9. 日付・曜日などについてのこだわりがある。					
10. パーティや会合などでいろいろな（複数の）人の会話についていくことが簡単にできる。					
11. 自分が置かれている社会的な状況（その場での自分の立場）がすぐにわかる。					
12. ほかの人は気がつかないような細かいことに，すぐに気づくことが多い。					
13. パーティなどよりも，図書館に行くほうが好きだ。					

	そうである	どちらかといえばそうである	どちらかといえばちがう	ちがう	点数
14. 新しい話（ストーリー）を，すぐにつくることができる。					
15. モノよりも人間のほうに魅力を感じる。					
16. それをすることができないとひどく混乱（興奮）してしまうくらい，強い興味や関心をもっていること（もの）がある。					
17. ほかの人と，雑談のようなちょっとした会話（おしゃべり）を楽しむことができる。					
18. 自分が話をしているときには，なかなかほかの人に横から口をはさませない。					
19. 数字（番号）に対するこだわりがある。					
20. 小説などを読んだり，テレビドラマなどを観たりしているとき，登場人物の意図や考えなどをよく理解できないことがある。					
21. 小説などのようなフィクションの本を読むことは，あまり好きではない。					
22. 新しい友人をつくることは，苦手である。					
23. いつでも，物事の中に何らかのパターン（型や決まりなど）のようなものがあることに気づく。					
24. 博物館に行くよりも，劇場や映画館に行くほうが好きだ。					
25. 自分のいつもの日課（行動の順序など）が妨害されても，混乱するようなことはない。					
26. 会話をどのようにつづけたらいいのか，わからなくなってしまうことがよくある。					

	そうである	どちらかといえばそうである	どちらかといえばちがう	ちがう	点数
27. だれかと話をしているときに，相手の話の‘言外の意味’を理解することは容易である。					
28. 物事の細かいところよりも全体像に注意が向くことが多い。					
29. 電話番号を覚えるのは苦手だ。					
30. 状況（部屋のようすや物の置き場所など）や人間の外見（服装や髪型）などが，いつもとちょっとちがっているくらいでは，すぐには気がつかないことが多い。					
31. 自分の話を聞いている相手が退屈しているときには，どのように話をすればいいかわかっている。					
32. 同時に二つ以上のことをするのは，簡単である。					
33. 電話で話をしているとき，自分が話をするタイミングがわからないことがある。					
34. 自分から進んで（自発的に）何かをすることは楽しい。					
35. 冗談がわからないことがよくある。					
36. 相手の顔を見れば，その人が考えていることや感じていることがわかる。					
37. 何かをしているときに邪魔が入っても，すぐにそれまでやっていたことにもどることができる。					
38. 雑談や，ちょっとしたおしゃべりを人とすることが得意だ。					
39. 同じことを何度もくり返していると，周囲の人からよくいわれる。					

	そうである	どちらかといえばそうである	どちらかといえばちがう	ちがう	点数
40. 子どものころ，友達といっしょに，よく“○○ごっこ”（ごっこ遊び）をして遊んでいた。					
41. 特定の種類（カテゴリー）のもの（たとえば車，鳥，昆虫など）についての情報を集めることが好きだ。					
42. あること（もの）を，ほかの人がどのように感じているかを想像するのは苦手だ。					
43. 自分がすることはどんなことでも注意深く計画するのが好きだ。					
44. 社交的な（人と親しくまじわる）場面は楽しい。					
45. ほかの人の考え（意図など）を理解することは苦手だ。					
46. 新しい場面（状況）に不安を感じやすい。					
47. 初対面の人と会うことは楽しい。					
48. 社交的である。					
49. 家族や友人などの誕生日を覚えるのは苦手だ。					
50. 子どもと“○○ごっこ”をして遊ぶのがとても得意だ。					

計　　　　点

※項目2，4，5，6，7，9，12，13，16，18，20，21，22，23，26，33，35，39，41，42，43，45，46は，「そうである」，または「どちらかといえばそうである」に○をつけた場合に1点，残りの項目は「ちがう」，または「どちらかといえばちがう」に○をつけた場合に1点として，点数を右端に記して，その合計点数を計算してください。平均の点数は16.4点，32点以上の人はASDの可能性があります。

※正確に判断するためには，必ず医療機関を受診してください。

索引

さ

た

な

は

手帳

主な内容

ニュートンが発見した「万有引力の法則」

すべての物体は引き合っている！
天体にはたらく万有引力

アインシュタインが発見した「相対性理論」

時間と空間の常識を覆した特殊相対性理論
重力波とブラックホールの観測

重力は，現代物理学最大の謎

謎に包まれた「ミクロな世界の重力」
ダークマターとダークエネルギー

重力の謎にせまる「超ひも理論」

世界は「ひも」でできている
「重力」解明の歴史は，物理学の進歩の歴史

Staff

Editorial Management　中村真哉
Editorial Staff　井上達彦，山田百合子
Cover Design　田久保純子

Illustration

表紙カバー	松井久美
表紙	松井久美
生徒と先生	松井久美
4~7	羽田野乃花
8~9	羽田野乃花, 松井久美
10~14	羽田野乃花
15~16	松井久美
19~21	羽田野乃花
22	松井久美
25	羽田野乃花
27~28	松井久美
31~37	羽田野乃花
38~41	松井久美
43~44	羽田野乃花
47	松井久美
48~58	羽田野乃花
62	Newton Press
63~68	松井久美
69~71	羽田野乃花
72	松井久美
74~77	羽田野乃花
78	松井久美
80~82	羽田野乃花
84	佐藤蘭名
86	羽田野乃花
87	佐藤蘭名
88	松井久美
89	佐藤蘭名
93	Newton Press
94	羽田野乃花
97~99	松井久美
100	羽田野乃花
101~102	松井久美
104~109	羽田野乃花
110	岡田悠梨乃
111	佐藤蘭名
114~126	羽田野乃花
130~131	Newton Press
132	佐藤蘭名
134	松井久美
136~139	羽田野乃花
143	松井久美
144	羽田野乃花
146~148	佐藤蘭名
151~152	羽田野乃花
153	松井久美
156~157	羽田野乃花
158	松井久美
160~164	羽田野乃花
167	松井久美
168~169	羽田野乃花
171	松井久美
174	羽田野乃花
175~180	松井久美
185~191	羽田野乃花
193	松井久美
197~199	羽田野乃花
203	佐藤蘭名
204~211	松井久美
214~215	羽田野乃花
216	松井久美
217~219	羽田野乃花
221	松井久美
222	羽田野乃花
226	松井久美
227~230	羽田野乃花
231~237	松井久美
238	羽田野乃花
239	松井久美
240~241	羽田野乃花
243~245	松井久美
247~256	羽田野乃花
258	松井久美
259~262	羽田野乃花
263~264	松井久美
266~269	羽田野乃花
270~273	松井久美
274~276	羽田野乃花
277~278	松井久美
280	羽田野乃花
282~284	松井久美
287	羽田野乃花
288~289	Newton Press
291	松井久美
298~301	羽田野乃花
302	佐藤蘭名
303	松井久美

監修（敬称略）：
佐々木 司（東京大学教授）

やさしくわかる！
文系のための 東大の先生が教える
発達障害

2024年5月10日発行

発行人　高森康雄
編集人　中村真哉
発行所　株式会社 ニュートンプレス　〒112-0012東京都文京区大塚3-11-6
https://www.newtonpress.co.jp/
電話　03-5940-2451

ISBN978-4-315-52805-3